성공하는 아이는
넘어지며 자란다

성공하는 아이는 넘어지며 자란다

달린 스윗랜드,
론 스톨버그 지음

김진주
옮김

파잉 육아 시대에 필요한 자기주도적 육아 바이블

FIKA

우리 아이를 성공하는
어른으로 키우는 길

우리는 지난 20여 년간 임상심리학자로 활동하면서 여러 아이와 부모, 교사를 만나왔다. 요즘은 일상생활이나 대인관계에서 벌어지는 사소한 문제조차 스스로 해결하지 못하고 쉽게 좌절하는 아이들이 놀랍도록 많다. 다음은 우리가 단 한 주 동안 상담하면서 접한 사례를 추린 것이다.

- 여덟 살 난 딸이 엄마에게 잔뜩 화가 나서 소리를 질렀다. "아이패드가 충전이 안 돼 있잖아! 엄마가 내 아이패드에 충전을 안 해놨다고!"
- 한 엄마가 축구 경기가 끝나고 실망한 열한 살 아들에게 말했다. "그 친구 엄마한테 전화해서 그 애가 널 쏙 빼놓고 경기를 했다고 얘기해줄게."

- 중학교 1학년 딸이 시험 날짜를 깜빡 잊고 공부를 안 했다며 어쩔 줄 몰라 하자 아빠가 말했다. "아빠가 선생님께 전화를 걸어서 시험을 하루 미룰 수 있는지 여쭤볼게."
- 고등학생 아들이 역사 수업에 배정된 선생님이 마음에 들지 않는다고 불평하자 엄마가 말했다. "엄마가 학교에 전화해서 수업 변경이 가능한지 알아볼게."
- 십 대 딸이 엄마에게 짜증스레 말했다. "내가 원하는 건 새 아이폰이지 엄마가 쓰던 구닥다리 폰이 아니라고!"

친구 문제든 학업 문제든, 문제 앞에서 아이들의 반응은 한결같았다. 감정적으로 반응했고 문제 상황이 즉시 해결되지 않으면 점점 더 화를 내거나 불안해하거나 공황 상태에 빠졌다. 차분히 생각해보고 해결책을 찾아야겠다는 생각은 머릿속에 도무지 떠오르지 않는 모습이었다. 무엇보다 금방 평정심을 잃고 감정에 휩싸였다.

이런 걱정스러운 반응 패턴은 상담 현장 말고도 일상생활 속에서도 자주 목격된다. 부모와 교사, 코치도 아이들의 이런 모습을 우려한다. 그래서 아이들이 겪는 문제는 즉시 해결해줘야 한다는 말이 들리기도 한다. 요즘 아이들이 좌절감을 잘 견디지 못한다는 얘기도 언론이나 여러 사람의 입에 오르내리고 있다. 《허핑턴 포스트》같은 매체에서는 "우리는 무력한 세대를 키워내고 있는가"와 같은 기사를 냈다.[1]

이런 추세가 점점 심각해지자 우리는 심리학자이자 부모로서 의문을 품게 됐다. 요즘 아이들에게 무슨 일이 일어나고 있는 걸까? 아이들은 왜 자신이 원하는 게 그냥 주어지기만을 바랄까? 이런 권리 의식은 도대체 어디에서 비롯되는 것일까? 이 해답을 찾아 나서는 과정에서 우리는 우리 사회가 좌절감을 견디지 못하는 세대를 키워내고 있다는 사실을 절감했다.

모든 세대는 저마다 나름의 어려움을 겪으며 그 속에서 사회적 기대와 압력의 영향을 받는다. 경제 대공황과 2차 세계대전 속에서 태어난 침묵의 세대(1925~1945년생)는 자기가 맡은 일은 열심히 했지만 정치나 사회 문제 앞에서는 다른 세대에 비해 침묵하는 경향이 있었다.[2] 2차 세계대전 직후 태어난 베이비붐 세대(1946~1964년생)는 도시 팽창과 대가족 환경에서 자라나며 열심히 노력하면 꿈을 이룰 수 있다는 신념을 갖게 됐다.[3] PC, 케이블 TV, 인터넷을 경험한 X세대(1965~1980년생)는 교육 수준이 높기는 하지만 부모 세대와 달리 안정적인 일자리에만 목매지 않는다.[4]

이후 빠른 기술 발전에 직접적인 영향을 받은 새로운 세대가 나타났다. 1980년대 초반에서 2000년대 초반에 태어난 밀레니얼 세대는 디지털 세계에 언제든 접속할 수 있는 환경에서 자라난 덕에 바로바로 소통하고 정보를 찾는 것은 물론이고 장소에 구애받지 않고 일할 수 있는 환경을 당연하게 여긴다.[5] 지금은 기술이 발전하면서 편리한 제품이 많이 생겨났다. 구글 덕분에 클릭 한 번으로 궁금증을 해결하고, GPS 기술로 새로 생긴 식당을 찾아가고, OTT 서비스로 방영 시간을 놓친 TV 프로그램을 아무 때나 찾아보고, 핸드폰으로 문제를 해결해줄 사람과 즉시 통화하는 게 가능해졌다. 이렇듯 젊은 세대는 문명의 이기를 활용해서 복잡한 세상을 헤쳐 나가는 방법을 배운다.

더 어린 세대도 마찬가지다. 오늘날 아이들은 기다릴 일이 잘 없다. 그러다 보니 문제가 생기면 즉시 해결되기를 기대하고 어른에게 더 많이 의존한다. 부모들은 어느 때보다 아이들 뒷바라지에 여념이 없고, 오늘날 기술 발전으로 우리가 누리는 편의는 이제 예외적인 것이 아니라 당연한 것이 됐다. 그 결과 요즘 아이들은 '즉각적인 만족'에 길들여진 세대가 되었다.[6] 이 아이들은 적게 노력하고 많은 것을 기대한다. 최첨단 기술에 힘입어 우리는 '생각할 필요가 없는' 세대를 키워내고 있다. 이 세대는 우리 시대 특유의 발전과 변화 때문에 피해를 보는 첫 세대인 셈이다. 요즘 부모들은 아이들이 복잡한 문제를 해결하고 예기치 못한 삶의 변화에 적응하며 독립적인 인간으로 자라도록 가르치는 데 실패하고 있다.

설상가상으로 아이들의 학업 성취에 대한 기대는 과거 어느 때보다 높아졌다. 대학 입시 경쟁이 점점 치열해지면서 부모들은 아이가 걸음마를 뗄 때부터 남보다 뒤처지지 않을까 걱정하기 시작한

다. 또 아이의 경쟁력을 높여줄 과외 활동(예체능, 외국어 등)을 시켜
줘야 한다는 압박감에 시달리기도 한다.

부모들은 이렇게 뒷바라지를 해주면 아이가 잠재력을 펼치는
데 도움이 될 거라 기대한다. 그래서 다들 그렇게 열심히 애를 쓰는
것이다. 하지만 실상은 부모의 기대와 정반대되는 일이 일어난다.
부모는 아이에게 가능한 한 많은 기회를 주려다가 성장 과정에서
흔히 저지르는 실수로부터 아이를 번번이 건져내는 실책을 저지른
다. 다시 말해서 아이가 실수를 저지르면서 깨달음을 얻을 기회를
빼앗는 것이다.

한 예로, 샘의 이야기를 보자. 샘은 과제 제출이 늦어지면 좋은
성적을 받을 수 없는 상황에서 그만 깜빡 잊고 집에 과제를 두고 왔
다. 샘은 얼른 엄마에게 연락을 했고, 엄마는 샘의 과제를 학교에 가
져다줬다. 엄마는 자신이 과제를 가져다주지 않으면 아들이 좋은
성적을 받지 못할 거라 생각한다. 그 지점에서 생각은 꼬리를 물고
이어진다. 아이가 과제 점수를 잘 받지 못하면 결국 이번 학기에 해
당 과목의 성적이 나쁠 거고, 그게 평균 점수에 영향을 미쳐서 앞으
로 대학 진학과 직업 선택 등에 지장을 줄 거라고 말이다.

부모들은 "딱 한 번뿐이었어요"라며 자기 행동을 합리화하지만,
정말 그럴까? 그리고 과연 과제를 한 번 늦게 제출했다고 해서 그 일
이 정말 아이가 성인이 되었을 때 직업 선택에 악영향을 미칠까? 그

럴 가능성은 낮다. 과제를 늦게 제출해서 생긴 결과를 아이가 스스로 감당하게 하면 당장은 힘들지 몰라도 길게 보면 독립심과 자립심을 기르는 기회가 된다. 이렇게 생각해보자. 직원, 관리자, 사장으로서 실수를 저지른 후 타인에게 수습해달라고 요청하는 사람이 좋을까, 아니면 스스로 책임지고 바로잡으며 앞으로 같은 실수를 반복하지 않기 위해 필요한 요령을 터득해가는 사람이 좋을까?

우리는 이 책을 통해 즉각적인 만족에 길들여진 아이들이 나중에 어른이 되면 커다란 불이익을 안게 된다는 점을 알리고 싶다. 부모와 문명의 이기에 지나치게 의존하는 아이는 일상 속에서 배움을 얻을 소중한 기회를 잃어버릴 뿐만 아니라 사회적, 정서적, 인지적 성장에 꼭 필요한 배움의 순간도 놓치고 만다. 요즘 부모들의 양육 방식을 비판하려는 것이 아니다. 함께 아이를 기르는 부모로서 공감하는 마음으로 이 책을 썼다.

우리도 오늘날의 힘겨운 양육 환경 속에서 부모로서 배워가는 중이다. 때로는 본의 아니게 아이를 즉각적인 만족에 길들이는 유혹에 빠지기도 한다. 우리는 이 책이 아이를 자신감과 배려심, 사회의식을 갖춘 성인으로 키워내려는 부모에게 도움이 되기를 바란다. 그래서 아이가 책임감 있게 살면서 성공적인 삶을 살아가도록 이끄는 방법을 제시했다. 더불어 요즘 같은 상황에서 부모들이 빠지기 쉬운 육아의 함정도 다뤄보려 한다.

그렇다면 오늘날 아이들은 구체적으로 어떤 기회를 잃고 있을까? 첫째, 사회적으로는 관계 형성에 필요한 기술을 습득할 기회를 잃고 있다. 둘째, 정서적으로는 예기치 못한 문제에 대처하는 능력을 키울 기회를 놓치고 있다. 셋째, 인지적으로는 계획하고 준비하고 문제를 해결하고 의사를 결정하는 능력을 개발할 기회를 놓치고 있다. 이 책에서 우리는 부모의 양육 방식과 교육 환경, 기술 발전이 아이들이 잃어버리는 기회와 구체적으로 어떤 관련이 있는지 살펴보려 한다. 그리고 우리가 상담을 통해 얻은 경험과 더불어 우리와 같은 문제를 고민하는 많은 부모, 교사, 코치, 전문가를 심층 인터뷰해 얻은 정보를 공유하고자 한다. 상담 사례에서 접한 일화들도 담았다. 그 일화들은 갖가지 사례에서 반복되고 있고 많은 독자가 공감할 만큼 보편성이 있다고 생각한다.

여기에 등장하는 이름과 신상 정보는 사생활 보호를 위해 바꾸었음을 밝힌다. 모쪼록 우리가 제시하는 방향에 따라 모든 부모가 아이와 함께 긍정적인 변화를 이끌어내길 바란다.

3부 성공하는 어른으로 자라날 우리 아이의 삶의 기술

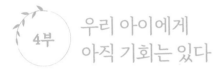

4부 우리 아이에게 아직 기회는 있다

Teaching Kids to Think

1부

부모가 나서는 만큼
아이는 성공과 멀어진다

1장

왜 아이의 문제에
부모가 먼저 나설까?

부모가 가장 흔히 빠지는
육아의 함정

우리 동네 초등학교 3학년 공개수업 날이었다. 2주간 아이들은 행성을 주제로 포스터를 만들었다. 전시된 포스터는 대부분 컴퓨터로 만든 그래픽 이미지, 표, 깔끔한 글씨체와 형식을 갖춘 제목과 설명을 달고 있었다. 손으로 직접 그림을 그리고 제목과 설명을 정성스레 적은 포스터는 단 하나뿐이었다. 포스터의 완성도는 모두 일반적인 초등 3학년생이 만들었을 법한 수준이었다. 컴퓨터로 만든 포스터가 겉보기엔 더 멀끔해 보이기는 했지만 손으로 그린 포스터는 확실히 더 오래 계획하고 고민하고 노력한 티가 났다. 한번 생각해보자. 인터넷에서 행성 사진을 찾아 출력한 아이와 행성을 직접 손으로 그린 아이 중 누가 행성을 더 잘 기억할까? 하지만 포스터를 손으로 그린 아이의 부모는 교사에게 다가가 아이가 친구들에 비해 뒤처지는 건 아닌지 염려된다고 말했다.

부모는 아이에게 가장 좋은 것을 주고 싶어 하기 마련이다. 그리고 아이가 자신감 있고 배려할 줄 아는 어른으로 자라길 바란다. 하지만 동시에 '바깥세상은 녹록지 않은 곳'이기 때문에 내 아이가 대학 입시나 취업 시장에서 경쟁력을 갖추도록 뒷바라지를 해줘야 한다고 느낀다. 여기서 방금 한 말을 다시 생각해보자. 그리고 이 문장이 옳은지 그른지 한번 판단해보자.

바깥세상은 녹록지 않은 곳이기 때문에 내 아이가 대학 입시나 취업 시장에서 경쟁력을 갖추도록 뒷바라지를 해줘야 한다.

이것이 바로 '육아의 함정'이다. 육아의 함정은 부모가 아이 대신 문제를 해결하거나 아이를 어려운 상황에서 구해주면서 아이가 성장할 기회를 가로막는 상황을 말한다. 우리는 상담 현장에서 부모가 당사자인 아이보다 아이의 문제에 더 전전긍긍하는 모습을 수없이 목격했다. 물론 부모는 모든 수단을 동원해 아이를 돕고 싶을 것이다. 하지만 부모가 아이를 유리한 위치에 데려다주는 것과 아이가 유리한 위치에 서는 능력을 키우도록 돕는 것은 엄연히 다르다.

부모가 아이를 위한다는 명목으로 아이가 할 일을 대신 해주면 아이는 제 앞가림을 하는 법을 배울 수 없다. 그리고 그건 결국 아이에게 해가 된다. 반면 아이가 자기 힘으로 능력을 키우도록 부모가 지원해주면 아이는 성인기에 이르러 유리한 위치에 선다.

부모는 치열한 경쟁 사회에서 압박감을 느껴 아이에게 조력자가 아닌 해결사가 되어주는 함정에 빠지곤 한다. 과연 당신은 육아의 함정에 빠졌는가? 다음 사항들을 체크하며 스스로를 평가해보자.

- ☐ 아이가 뭔가 먹고 싶다고 말하면 보통 하던 일을 멈추고 간식거리를 챙겨준다.
- ☐ 아이는 기다려야 하는 상황에서 늘 전자 기기를 사용한다.
- ☐ 아이가 숙제할 책을 학교에서 챙겨오지 않았을 때 다시 학교까지 태워다준다.
- ☐ 아이의 친구들이 최신 핸드폰을 갖고 있다면 나도 아이에게 그것을 사줄 것이다.
- ☐ 아이가 과제를 미루다가 막판에 해치우는 버릇이 있어서 과제 마감일 전날 밤에 바삐 준비물을 사다 날라야 한다.
- ☐ 아이는 집안일을 거의 거들지 않는다.
- ☐ 아이는 방과 후에 하는 활동이 많아서 주중에 자유 시간이 거의 없다.
- ☐ 아이가 심심해하지 않도록 TV를 켜놓을 때가 많다.
- ☐ 아이에게 매일 두세 번, 때로는 수업 시간일 때도 문자를 받는다.
- ☐ 장볼 때 아이가 얌전히 따라다니면 상으로 뭔가를 사준다.
- ☐ 약속 장소에 미리 나가 있지 않으면 아이는 즉시 문자로 어디냐고 묻는다.

이 중 하나라도 해당하면 지금 육아의 함정에 빠졌을 위험이 있다. 육아의 함정에는 누구나 쉽게 빠질 수 있다! 육아의 함정은 앞서 언급한 상황들을 부모가 아이를 '돕는' 상황으로 해석하게끔 유혹한다. 하지만 엄밀히 말해서 이 상황들은 부모가 돕거나 이끌어주는 상황이 아니라 문제를 대신 해결해주는 상황이다.

이번 장에서 우리는 가장 흔한 육아의 함정 다섯 가지와 이 함정들을 피할 방법을 소개할 것이다. 그리고 각각의 함정이 아이가 삶속에서 겪는 구체적인 사건이나 상황에 어떻게 나타나는지, 함정과 부모의 육아 방식은 어떤 관계가 있는지 자세히 살펴볼 것이다. 부모가 가장 흔히 빠지는 육아의 함정 다섯 가지는 다음과 같다.

1. **구해주기 함정:** 부모가 아이를 문제 상황에서 구해준다.

2. **서두르기 함정:** 아이가 기다리며 인내심을 발휘할 필요가 없도록 부모가 아이의 욕구를 재빨리 채워준다.

3. **압박하기 함정:** 부모가 아이를 너무 때 이르게 밀어붙인다.

4. **사주기 함정:** 아이가 뭔가를 애써서 얻을 필요가 없도록 부모가 그냥 사준다.

5. **죄책감 함정:** 부모가 죄책감이 들거나 확신이 없을 때 깊이 생각해보지 않고 아이의 요구를 들어준다.

성공하는 아이는 넘어지며 자란다

구해주기 함정

    부모는 아이가 힘들어하면 그냥 두고 보기가 괴롭다. 그래서 대신 문제를 해결해주며 아이를 힘든 상황에서 '구하려' 드는데, 이런 일이 반복되면 아이는 자기 문제를 누가 대신 해결해줄 거라 기대하게 된다. 스스로 문제를 해결해볼 기회를 잃는 셈이다.

    스스로 생각하고 문제를 해결하는 능력은 아이가 자라면서 배우고 습득해야 할 가장 중요한 삶의 기술임에 틀림없다. 성장기 아이들은 이 기술을 익힐 기회를 일상 속에서 자주 만난다. 하지만 학업과 또래 관계라는 두 영역에서 아이가 문제를 겪고 힘들어할 때면 부모는 구해주기 함정에 쉽게 빠지고 만다.

아이의 학업 문제

학업은 부모가 구해주기 함정에 빠지기 가장 쉬운 영역이다. 아이의 성적 하나하나, 과제 하나하나가 대학 입시에 영향을 미칠 거라 생각해 아이를 어려운 상황에서 구해주기 일쑤다.

부모가 아이를 구해주는 양상은 초등학교에 다니는 아이의 숙제를 일일이 챙겨주는 시기에서부터 시작해 아이의 고등학생 시절까지 지속될 수 있는데, 심지어 부모가 아이의 숙제를 대신 해주는 경우도 생긴다. 이런 현상이 생기는 까닭은 부모가 대체로 아이보다 성적에 더 많은 가치를 부여하기 때문이다. 부모들은 성적이 좋아야 자존감이 높아지고 좋은 선생님을 만나며 우등반에 들어가고 궁극적으로 좋은 대학에 입학할 수 있다고 믿는다. 이런 믿음이 사실일지는 몰라도 아이의 양호한 성적이 부모의 노력으로 얻은 것이라면, 그 아이에게는 우등반이나 명문대가 최선의 길이 아닐지 모른다. 부모로서 자신이 아이의 학업에 지나치게 개입하고 있다는 생각이 든다면, 혹여 부모 자신이 아이의 성적을 너무 중요하게 생각해서 그러는 건 아닌지 돌아보자.

언젠가 중학교 역사 선생님으로부터 한 학생이 공부를 게을리해서 시험을 망쳤다는 이야기를 들었다. 그 학생의 어머니는 교사에게 전화해서 아들의 성적을 올릴 방법이 없는지 물었다. 교사는

"공부하면 됩니다"라고 답했다. 그러자 엄마는 아들이 추가 점수를 받을 방법이 없는지 물었고, 교사는 학기 내내 여러 차례 기회가 있었지만 학생이 한 번도 참여하지 않았다고 답했다. 엄마는 아들이 추가 점수를 받을 수 있는 과제를 늦게라도 제출할 기회는 없는지 다시 물었고, 교사는 없다고 답했다. 이 말에 엄마는 당황한 듯 물었다. "그러면 아이가 어떻게 성적을 끌어올릴 수 있죠?" 교사는 또다시 답했다. "다음 시험을 보기 전에 공부하면 됩니다."

학생은 수업을 따라가는 데 어려움을 겪고 있었지만 성적 향상을 위해 별반 노력을 기울이지 않았고, 엄마는 아이가 좋은 성적을 얻는 데 필요한 지식이나 능력보다 성적 자체를 더 중시했다. 엄마는 아이가 인생을 수월하게 헤쳐 나가도록 도와주려는 의도였겠지만 객관적인 성적에만 초점을 맞추다가 아이에게 노력의 중요성, 계획하기, 책임지기 등을 가르칠 소중한 기회를 놓쳤다. 게다가 아이의 문제 해결에 아이보다 엄마가 더 열심인 게 분명했다.

아이의 문제에 대해 부모가 대신 해결책을 찾아주면 아이는 문제가 발생했을 때 스스로 해결하기보다는 다른 사람에게 해결해달라고 부탁하는 걸 당연시하게 된다. 엄마가 아이의 성적을 올리려는 임시방편에 초점을 맞추는 대신 아이가 책임감을 갖고 미리 계획하며 노력하지 못한 점에 집중했다면 어땠을까? 아이가 성적을 올릴 때까지는 지금껏 누리던 특권 중 하나를 내려놓고 부진한 성적을 스스로 감내하게 할 수도 있었을 것이다. 그러고 나서 앞으로는 수업에 어떻게 임할지 아이와 의논했더라면 좋았을 것이다.

아이의 또래 관계

부모가 구해주기 함정에 쉽게 빠지는 또 하나의 영역은 바로 또래 관계다. 아이가 친구와 갈등을 빚거나 따돌림을 당하는 것처럼 보일 때는 신중한 부모일지라도 아이가 스스로 문제를 풀어가도록 지켜보기보다 전면에 나서서 문제를 대신 해결하려 든다. 하지만 부모가 아이의 사회생활을 늘 관리해주는 식이 되면 아이는 스스로 우정을 키워가는 법을 배우지 못한다.

유아의 놀이 모임에서부터 청소년의 이성 문제에 이르기까지 아이의 연령을 불문하고 부모는 구해주기 함정에 빠질 수 있다. 하지만 부모가 아이의 또래 관계가 이러저러해야 한다면서 나서는 것은 사실 아이에게 별반 도움이 되지 않는다. 짧게 보면 아이가 친구들 사이에서 소속감을 느낄지 몰라도, 길게 보면 아이는 친구를 사귀고 우정을 유지하는 방법을 배우지 못한다. 부모의 역할은 친구를 사귀는 법을 익히도록 이끌고 가르치는 것이지 직접 친구를 만들어주는 게 아니다.

관계는 좋을 때와 나쁠 때가 있고, 아이가 또래 관계에서 다툼이나 험담 같은 어려움을 겪을 때 스스로 대처하는 법을 알아가야 한다는 점에는 대다수 부모가 동의할 것이다. 하지만 아이를 위해 상황을 더 좋게 만들어주고 싶은 유혹이 너무 강하다 보니 그 유혹을 이기지 못하고 상대 아이의 부모와 통화해서 서로 사과하는 자리를 마련한다든가 아니면 아이들이 다시 친구가 되도록 강요하는 식으로 자녀의 또래 관계에 개입한다. 그러면서도 자신이 함정에 빠졌다는 사실을 깨닫지 못하는 경우가 많다. 이런 상황은 꽤 흔하기 때문이다.

부모가 아이를 또래 관계에서 구해주는 또 다른 방식도 있다. 거기에는 또래 아이들이 내 아이를 자기 무리에 받아들이도록 아이에게 값비싼 의류나 전자 기기를 사주는 행위도 포함된다. 아이가 "딴 애들도 다 갖고 있어"라고 말한다고 해서 그런 물품을 사준다면, 부모는 아이가 또래 문제(이 경우에는 또래 사이에서 소외감을 느끼는 상황)에 대처하는 방법을 스스로 찾을 기회를 빼앗은 채 아이를 문제 상황에서 건져내는 꼴이 된다. 그러지 말고 부모는 아이가 스스로 또래 관계에서 해법을 찾고 문제를 해결할 기회를 줘야 한다.

아이의 문제 해결 방식은 부모의 방식과 다를 수도 있고 어쩌면 바람직한 결과를 만들지 못할 수도 있다. 하지만 그렇다고 해도 아이에게 기회를 주는 편이 더 낫다. 아이들은 연습을 통해서 가장 잘 배운다. 연습은 문제 해결 능력과 자존감을 키워준다. 또래 관계에서 생기는 문제에 스스로 대처하면서 아이는 앞으로도 문제가 생기면 직접 해낼 수 있다는 자신감을 기른다.

부모가 나서서 문제를 해결해준 결과 아이의 기분이 나아진다면 부모도 기분이 좋을 것이다. 하지만 아이가 또래 관계에서 자주 겪을 만한 문제를 스스로 해결하도록 가르칠 수 있다면 모두가 더욱 기쁠 것이다. 부모인 우리는 인간관계에서 벌어지는 문제를 해결한 경험이 많고, 그래서 해결 방법이 쉽게 떠오를 수 있다. 하지만 아이들은 연습이 필요하다. 아이가 이런 삶의 기술을 익히고 자신 있게 대처하도록 부모가 도와줄 방법을 살펴보자.

첫째, 아이에게 '아무런 문제가 없는' 환경을 만들어주고픈 유혹을 뿌리친다. 아이 스스로 문제를 해결할 기회를 준다.

둘째, 아이가 초등학생이라면, 객관식 문제의 보기처럼 활용 가능한 여러 해결책을 놓고 이야기를 나눠본다. 아이의 발달 수준과 연령에 맞춰 어떤 해결책을 시도해보고 싶은지 물어본다. 아이가 선택한 해결책을 스스로 시도해보는 걸 지켜봐줘도 좋고, 부모가 해결 과정에 도움을 줘도 좋다.

셋째, 아이가 중학생이라면, 아이 스스로 몇 가지 해결책을 떠올리게 하고 각 해결책의 장단점을 물어본 후 스스로 문제 해결을 시도해보도록 한다. 이때 부모는 아이에게 피드백을 주고 격려한다.

넷째, 아이가 고등학생이라면, 부모가 정서적 지지는 해주되 문제 해결 자체는 대부분 아이 스스로 하도록 이끈다.

요령이 부족한 아이일지라도

요령이 부족한 아이를 구해주는 부모는 아이가 낑낑대면서 뭔가를 해결하는 방법을 익히도록 기다려주지 못하고 성급하게 끼어든다. 이런 행동은 아이가 아주 어릴 때부터 시작된다. 세 살배기가 신발을 신으려고 낑낑대면 부모는 직접 신발을 신겨주고 싶은 마음이 든다. 바쁘거나 약속에 늦은 상황이라면 더욱 그럴 것이다. 유치원생이 되면 그림 그리기를 끝마쳐주는 행동으로 이어질 수 있다. 부모가 아이의 일을 대신 해주는 구해주기 패턴은 이런 식으로 자리 잡기 시작한다.

보통 정신없이 흘러가는 아침 시간에는 어린아이가 스스로 옷을 입어볼 기회가 거의 없을 것이다. 그렇다면 저녁에 잠옷을 갈아입을 때나 주말 동안에 아이가 스스로 옷을 갈아입을 기회를 주면 된다. 유아기에는 새로운 것을 시도하고 자신감을 기를 기회가 많다. 심지어 영아기에도 아이는 스스로 먹는 일 같은 자조 기술을 습득하기 시작한다. 걸음마기 아이들은 옷 갈아입고 손 씻는 법, 사회적 기술(눈 맞추기, 나누기, 대화하기), 문제 해결 기술(역할 놀이, 퍼즐, 탐색)을 일상 속에서 배운다. 자신이 속한 환경에서 자연스럽게 삶의 기술을 익히는 것이다. 인간의 발달 단계에 관한 주요 이론을 제시한 심리학자 장 피아제는 이 시기의 아이들을 적극적으로 주위 환경을 탐색하고 이해하려고 노력하는 '작은 과학자' 같다고 묘사했다.[1]

초등학교 3~4학년에 이르면 해야 할 일이 늘고 교육 과정이 더 복잡해진다. 그러면서 일상에서 삶의 기술을 자연스럽게 습득할 기회가 줄어든다. 더불어 아이가 마주하는 난관은 점점 더 험난해지고 부모가 아이를 구해줘야 한다는 압박감도 더 강하게 밀려온다. 따라서 아이가 삶의 기술을 자연스럽게 배울 수 있는 어린 시절을 잘 활용해야 한다.

우리가 이 책을 쓴 이유 중 하나는 아이를 구해주고 싶은 유혹이 몰려올 때 부모가 자신을 다잡게 하기 위해서다. 부모 입장에서는 아이가 힘들어하는 모습을 보고 있으면 참 안쓰럽다. 아이를 구해주고 싶은 충동을 참아내는 한 가지 요령은 아이를 도와주기 전에 최소한 5~10초는 잠자코 지켜보기로 규칙을 정하는 것이다. 아이가 힘들어하는 모습을 볼 때는 항상 그것이 아이에게 꼭 필요한 배움의 기회라는 점을 유념해야 한다.

서두르기 함정

　힘닿는 한 최선을 다해 아이를 돌보려는 부모는 아이의 욕구를 가능한 한 빨리 채워줘야 한다는 압박감을 느낀다. 그러면서 아이는 즉각적인 만족에 길들여지게 된다.

　아이의 욕구를 재빨리 충족시켜주는 것이 아이를 잘 돌보는 것이라고 믿는 부모가 많다. 실제로 부모가 아이의 욕구를 바로바로 채워주면 아이는 만족스럽고 행복하다. 하지만 이런 반응 패턴이 반복되면 아이는 늘 자기 욕구가 곧장 채워지기를 기대한다. 오늘날 기다릴 줄 모르는 아이들 세대에서 이런 패턴이 흔하게 나타난다.

　"좋은 기회는 기다릴 줄 아는 사람에게 온다"라는 격언은 오랜 세월 널리 회자되어 지금까지 왔다. 하지만 오늘날처럼 경쟁이 치열한 세상에서도 이 말이 유효할까? 아이가 좋은 성적을 거둬 명문 대학에 입학하는 것을 지상 최대의 과제로 삼는 부모들 앞에서, 과연 기다릴 줄 아는 능력은 이 궁극적 목표와 무슨 관계가 있을까?

만족 지연에 관한 연구로 널리 알려진 심리학자 월터 미셸은 마시멜로 실험으로 크게 주목받았다.[2] 연구자들은 연구에 참가한 아이들에게 눈앞에 있는 마시멜로 하나를 지금 바로 먹어도 좋지만 15분간 기다리면 두 개를 주겠다고 말했다. 그리고 마시멜로를 먹지 않고 기다린 아이와 마시멜로를 먹어버린 아이를 비교해보았다. 18~20년 후 추적 연구한 결과에 따르면 만족 지연이 가능했던 아이는 학업 성취도가 더 뛰어나고 SAT 점수도 더 높았다.[3] 또 관련 연구에 따르면 만족 지연이 가능했던 아이들은 사회의식이 더 높고 성취를 위한 노력을 더 많이 기울이는 것으로 나타났다.[4]

전반적으로 만족 지연을 할 줄 아는 학생들은 학업에 더 열중했다. 그리고 어떤 욕구를 느낄 때 충동적으로 행동하기보다는 심사숙고한 뒤 계획적으로 행동할 줄 알았다. 아이가 행동에 앞서 잠깐 멈춰 서서 생각하도록 이끄는 것은 우리가 진행하는 아동 상담 과정의 상당 부분을 차지하기도 한다. 아이들에게 자기 절제와 만족 지연을 가르치는 일은 아이가 학업 목표를 달성하고 긍정적인 대인관계 기술을 익히도록 도울 때 가장 중요한 역할을 한다.

성공하는 아이는 넘어지며 자란다

자기 욕구가 먼저인 아이에게

어느 날 십 대 딸과 엄마가 함께 상담실을 방문했다. 딸이 굉장히 흥분해서 말했다. "엄마 진짜 너무해요! 제가 한 주 내내 친구들이랑 저희 집에서 같이 자는 날 서로 화장이랑 머리 손질이랑 팩을 해주기로 계획을 세워놨거든요. 근데 엄마 때문에 거의 망칠 뻔했다니까요!"

얘기를 들어보니 엄마는 딸의 친구들이 그날 집에서 자기로 한 줄도 몰랐고, 그날 필요한 미용용품을 사기 위해서 힘들게 여러 가게를 전전해야 하는 줄도 몰랐다. 친구들이 자고 가기로 한 금요일 오후, 딸은 엄마에게 필요한 미용용품을 사려면 엄마가 가게에 태워줘야 한다고 문자를 보냈다. 하지만 엄마는 약속이 있어서 딸의 문자를 보지 못했다. 그날 오후 늦게 딸은 엄마에게 소프트볼 연습 시작 전에는 미용용품을 사러 갈 시간이 없는데 엄마 때문에 친구들과의 계획이 모조리 엉망이 되었다며 엄마에게 소리를 질렀다. 그날 오후 엄마는 딸이 세운 엉성한 계획을 실현시켜주려고 자기 일정을 취소하고 여러 가게를 전전해야 했다.

즉각적인 만족에 길들여진 이런 아이들은 자신을 가족의 일원이 아니라 개인으로 인식한다. 아이들은 상대방이 자기 요구를 지금 당장 들어주기를 기대하며, 그 요구가 다른 가족 구성원에게 미치는 영향은 고려하지 않는다. 이 사례에서 딸은 엄마가 자기 문자를 못 볼 수도 있다는 생각이나 그날 오후 엄마에게 다른 일정이 있을 수도 있다는 생각을 하지 못했다. 그저 엄마에게 부탁하기만 하면 엄마가 자기 요구를 들어줄 거라 기대했다. 자신의 일정과 필요만을 고려한 것이다.

부모는 아이가 기다릴 필요가 없게 하면서 무심코 아이가 그렇게 기대하도록 부추긴다. 부모가 아이를 늘 최우선으로 배려하고 아이의 요구를 먼저 충족시켜준다면 아이로서는 언제나 그러리라고 기대하는 게 당연하다. 그러지 않을 이유가 어디 있겠는가. 그러다가 부모가 아이의 요구를 즉시 들어줄 수 없는 때가 오면, 아이로서는 화가 나고 자기에게 관심을 기울여달라고 요구하는 게 당연하다고 느낄 것이다. 아이는 부모가 자기 요구를 들어줄 수 없는 사정을 고려하지 않는다. 자신을 가족의 일원으로 생각하는 데 익숙하지 않기 때문이다. 그래서 기다려야 하는 상황이 불편하다.

아이가 기다림을 편안하게 받아들이게 하려면, 다시 말해서 인내심을 갖게 하려면 만족 지연을 가르쳐야 한다. 만족 지연 기법은 어린아이에게도 효과가 좋다. 아이가 타인을 배려하고 인내심을 기르도록 도와주려면 부모는 아이에게 기다려야 하는 상황이 있을 수 있음을 자주 알려줘야 한다.

부모가 뭔가 다른 일을 하고 있을 때 아이가 도움을 요청한다면,

성공하는 아이는 넘어지며 자란다

아이에게 자신이 지금 무슨 일을 하고 있는지, 얼마나 기다리면 아이의 부탁을 들어줄 수 있는지 말해준다. 예를 들어 "엄마도 널 도와주고 싶은데 지금 볼일이 있으니까 이것만 마치고 몇 분 뒤에 도와줄게"라고 대답한다. 여섯 살 아이가 "엄마, 나랑 놀아주세요"라고 요구할 때 엄마는 "조금만 기다려. 빨래 다 개고 놀아줄게"라고 대답할 수 있다. 아홉 살 아이가 "아빠, 지금 점심 차려줄 수 있어요?"라고 물으면 아빠는 "10분만 있다가 점심 준비 시작할게"라고 대답할 수 있다.

부탁을 바로 들어줄 수 있는 상황이더라도 한 번씩은 아이가 기다려보게끔 하자. 아이가 어릴수록 기다리는 시간은 짧아야 한다. 이때 "아빠 전화 한 통만 걸고", "개 산책시키고 와서", "이 챕터까지만 다 읽고" 등등 아이가 기다려야 하는 이유를 알려주면 좋다. 그러면 아이는 기다리는 법을 배우거나 자기 욕구를 스스로 해결하는 법을 배우게 될 것이다. 이로써 인내심은 물론 기다리는 시간 동안 의미 있는 활동을 하면서 자립심과 자신감도 키울 수 있다. 또 자신이 가족의 일원이라는 점과 자기 일 외에 부모의 볼일도 중요하다는 점을 배우게 된다. 이처럼 만족 지연은 굉장히 쉽고도 훌륭한 가르침을 준다.

기다리는 상황을
참지 못하는 아이에게

얼마 전 열여덟 살 고등학생 내담자가 혼자 상담실에 왔다. 학생은 약속 시간 2분 전에 상담실에 도착했다는 문자를 보내고는 약속 시간이 되자 답장을 받기도 전에 상담실 문을 두드렸다. 한두 번이 아니었다. 이런 상황은 기다림이나 사회 규범과 관련해서 대화를 나눠볼 좋은 기회이긴 하지만, 이 모습을 보면 이 학생이 주변 사람들에게도 이렇게 행동할 거라고 짐작할 수 있다.

첨단 기술을 누리는 아이들은 기다리는 상황을 더더욱 참기 어려워한다. 터치 한 번에 필요한 정보를 제공하는 스마트폰이나 태블릿 PC 같은 기기가 도입되면서 아이들이 기다려야 할 일이 별로 없어졌기 때문이다. OTT 서비스로 방송 프로그램을 언제든 찾아볼 수 있고, 사진은 현상을 거칠 필요 없이 디지털 기기에서 확인하며, 종이 지도 대신 지도 앱으로 길을 찾고, 인터넷 정보로 순식간에 궁금증을 해소할 수 있다.

오늘날 즉각적인 응답을 기대하는 경향은 아이들의 삶 전반에서 강화되고 있다. 요즘 십 대들은 부모나 친구와 문자로 소통할 때가 많다. 이제 문자는 많은 사람이 사용하는 주요 소통 수단으로 자리잡았다. 더욱이 십 대들 대부분은 핸드폰을 늘 손에 닿는 위치에

성공하는 아이는 넘어지며 자란다

둔다. 그러니 친구에게 문자를 받으면 즉시 응답하는 게 일종의 사회 규범이 됐다. 그날 무슨 계획이 있는지, 모임에서 무슨 일이 있었는지 알고 싶다면 친구에게 문자를 보내서 몇 초 안에 궁금한 정보를 알아낼 수 있다. 궁금한 정보를 습득하기까지 기다릴 필요가 없어진 것이다. 아이들이 기다리는 상황을 잘 참지 못하는 것을 두고 부모들은 이런 말들을 들려준다.

"저희 애는 제가 약속한 시간에 미리 나와 있지 않으면 별로 기다려보지 않고 전화나 문자로 어디냐고 물어요."

"아이들은 방영일을 기다리거나 방송 시작 전에 광고를 볼 필요가 없어요."

"저희 가족은 온라인 쇼핑을 애용하고 특히 익일 배송이 가능한 상품을 선호해요."

"아이는 줄을 서거나 기다려야 하는 상황에서 늘 핸드폰으로 게임을 해요."

"학교에서 문제가 생기면 아이는 곧장 제게 전화를 걸어서 어떻게 해야 하냐고 묻거나 도와달라고 해요."

"저희 가족은 종이 지도를 보지 않고 지도 앱으로 길을 찾아요. 그래서 아이들은 길을 잃으면 머리를 써서 길을 찾아볼 생각은 하지 않고 곧장 누군가에게 전화를 걸어서 물어봐야 한다고 생각해요."

편리함을 추구하는 경향에는 끝이 없다. 하지만 아이가 인내심을 기르고 만족 지연을 할 수 있도록 격려하고 이끌 방법은 많다. 그 중 몇 가지를 살펴보자.

첫째, 엄마 아빠가 약속 시간까지 데리러 오지 않는 상황에서 어떻게 대처할지 아이와 대화를 나눈다.

둘째, 아이들과 함께 가족 행사를 계획한다. 같이 의논해서 일정을 정하고 행사에 필요한 물품과 준비물을 함께 챙긴다. 그러면 재미있는 이벤트가 저절로 일어나는 게 아니라 미리 세심하게 계획해야 일어난다는 사실을 배운다.

셋째, 아이가 새로운 게임기나 장난감, 값비싼 의류를 사달라고 할 때는 먼저 집안일을 좀 거들어달라고 부탁한다. 이렇게 하는 목적은 아이가 집안일을 거들고 용돈을 모아서 갖고 싶은 물건을 사도록 하려는 게 아니라 부모와 아이가 서로 도와야 한다는 메시지를 주기 위함이다.

넷째, 전자 기기 사용을 제한하는 시간을 정한다(저녁 시간, 가족과 함께 보내는 시간, 오후 8시 이후 등).

다섯째, 아이가 어떤 활동을 하고 싶다고 말하면, 그 말을 한 당일에 들어주기보다는 함께 의논하고 계획해서 다른 날 들어준다.

전자 기기는 오늘날 대다수 사람의 일상에서 중요한 역할을 담당한다. 전자 기기는 적절히 활용하면 우리 삶을 굉장히 편리하고 즐겁게 해준다. 하지만 그것에 길들여진 아이들 중에는 즉각적인

성공하는 아이는 넘어지며 자란다

응답을 기대하는 부류가 있는데, 그런 기대는 결코 건강하고 지속 가능한 방식으로 충족될 수가 없다.

만족 지연은 언제부터 가르치면 될까?

만족 지연을 통해 인내심을 기르는 훈련은 언제부터 가능할까? 아이가 양육자에게 전적으로 의존하는 영아기에는 부모가 아기의 욕구를 바로바로 채워줘야 한다. 배고파 하면 먹이고, 기저귀가 젖으면 갈아주고, 배에 가스가 차면 트림을 시켜준다. 아기가 자라서 걸음마를 하는 시기가 되면 아기의 욕구는 욕망으로 확장되고, 아이의 관심을 돌리는 기술이 부모의 생존 전략이 된다. 예를 들어 한 살배기가 자동차 열쇠를 가지고 놀고 있는데 차를 써야 한다면 다른 장난감으로 주의를 끈 다음 열쇠를 슬쩍 치워야 한다.

아이에게 원하는 것을 원하는 때에 얻을 수 없는 경우도 있다는 사실은 언제쯤 가르칠 수 있을까? 아이의 욕구를 즉시 만족시켜주는 단계에서 만족 지연을 가르치는 단계로 진입하는 시기 말이다. 만약 세 살배기가 "우유"라고 말했다면, 아이가 계속해서 언어로 소통하도록 격려해야 하므로 일단은 얼른 우유를 가져다준다. 하지만 일곱 살이나 열세 살 아이가 "우유 주세요"라고 말한다면 아이를 잠깐 기다리게 해도 좋다. 이와 비슷하게 세 살배기가 이웃집 아이의 장난감에 마음을 홀랑 빼앗겼다면 다음 날 바로 아이에게 장난감을 사줘도 좋다. 하지만 열 살 아이에게 바로 장난감을 사준다면 아이를 즉각적인 만족에 길들이는 셈이다.

아이의 요구를 부모가 즉각 만족시켜주면 아이는 자기 욕구를 스스로 채우는 법을 익히지 못한다. 그러면 자기 스스로를 돌보고 위로하는 방법 또한 배우지 못한다. 지금 자신이 원하는 모든 것을 다른 사람이 채워주기를 기대하는 것은 비현실적이다. 따라서 그런 기대를 품는 아이는 자기 삶에 불만족할 수밖에 없다.

한 살배기도 기다리는 법을 배울 수 있다

9개월밖에 안 된 어린아이도 기다리는 법을 배울 수 있다. 아이가 어릴수록 기다리는 시간이 더 즐거워야 하지만 기다리는 훈련을 통해 아이가 배우는 교훈은 똑같다. 이제 소개하는 놀이와 요령은 어린아이에게 순서를 정해 뭔가를 번갈아 시도하는 방법을 가르치고 인내심을 기르도록 도와준다.

- **생후 9~12개월:** 아이와 바구니에 블록을 넣거나 재미있는 소리를 내거나 공을 굴려서 주고받는 놀이를 한다. 부모 차례가 돌아오면 매번 "하나, 둘, 셋"을 센 다음 2~3초 동안 기대에 찬 얼굴로 아이의 주의를 끌고 행동을 한다.

- **생후 12~18개월:** 앞서 하던 놀이를 하되 기다리는 시간을 5초로 늘린다.

- **생후 18~30개월:** 아이가 뭔가를 요구할 때 이제는 직접 말로 기다리라고 해도 되지만, 기다리는 시간은 짧아야 한다. 예를 들어 아이가 손을 뻗으면서 "안아줘"라고 말하면 "알았어. 2초만 기다려"라고 말한 뒤 둘까지 세고 아이를 들어올린다.

- **3세 이후:** 아이가 커갈수록 더 직접적으로 기다리라는 의사를 전할 수 있다. 예를 들어 다섯 살 아이에게는 "알았어. 그럼 열까지 셀 동안 기다리는 거야"라고 말하거나 "알았어. 장봐온 것 세 가지만 정리하고 해줄게"라고 말해도 좋다. "잠깐만"이라는 표현에는 아이들이 금방 거부감을 갖기 때문에 구체적으로 기다려야 하는 시간을 알려주는 편이 좋다. 하지만 이런 전략을 사용할 수 없는 경우도 있다. 예를 들어 낮잠을 자지 않은 세 살배기가 고래고래 소리를 지르고 있다면 그때는 기다리는 연습을 할 때가 아니다. 기다리는 연습은 아이가 기분이 좋을 때 놀이처럼 해야 한다. 그래야 아이가 정말 기다려야 하는 상황에서 조금 더 편안하게 기다릴 줄 안다.

압박하기 함정

아이가 뭔가를 성취해낼 때 부모는 뿌듯함을 느낀다. 또 자기 아이가 또래보다 앞서간다고 느낄 때는 부모로서 자녀 키우기에 자신감을 갖게 된다. 그래서 부모는 아이를 지나치게 빨리 밀어붙이는 압박하기 함정에 빠지기 쉽다.

오늘날 양육 환경에서 부모는 자기 아이가 앞서갈 수 있도록 모든 면에서 뒷바라지해야 한다는 압박감을 느낀다. 그리고 자신이 제대로 뒷바라지 못 해서 아이가 또래에 비해 학업, 발달, 운동 등의 능력과 사회성이 뒤떨어질까 걱정한다. 부모는 자기 아이가 학급에서 최우수 학생이 되고, 스포츠 팀에서 최고의 선수가 되고, 또래 사

성공하는 아이는 넘어지며 자란다

이에서 가장 인기 있는 친구가 되기를 바란다. 자기 아이가 긍정적인 자아상과 자신감을 갖길 바라는 마음에 아이가 앞서가도록 과외 활동을 시키기도 한다. 아이가 학급에서 상위권이 아닐 경우에는 과외 수업을 받게 해서 성적을 올려주려 하고, 운동을 하는 아이라면 팀에서 최고의 선수가 되도록 개인 강습을 시켜준다. 또 친구들에게 주목받는 아이가 되게 하려고 애써 호화로운 생일 파티를 열어줄 때도 있다.

하지만 부모의 이런 기대가 아이의 능력이나 욕구, 성격과 잘 맞지 않으면 어떻게 될까? 아이가 모든 면에서 뛰어나기를 기대하면 부모가 아이를 아이의 능력 이상으로 밀어붙이는 영역이 생길 수밖에 없다. 왜냐하면 모든 영역에서 최고가 될 수 있는 아이는 없기 때문이다. 그 결과 아이가 부모의 기대를 충족시키지 못하게 되면서 부모는 실망감을 느끼고 아이는 좌절감을 느낀다.

메리는 학업 성적이 훌륭한 학생이고 5년간 피아노를 연주해왔으며 소프트볼 팀에서 포수를 맡고 있다. 메리가 시험을 치렀거나 성적표를 가지고 온 날이면 부모는 메리와 성적 이야기를 나누면서 어떻게 하면 더 높은 점수로 끌어올릴 수 있을지 대화를 나눈다. 피아노 연주회가 열린 어느 주말에는 메리의 기분이 상하지 않도록 조심하면서 메리보다 세 살이나 어린 남자아이가 메리가 연주한 것보다 더 어려운 곡을 더 능숙하게 쳐냈다고 넌지시 말한다. 그리고 얼마 후 소프트볼 경기에서 메리가 홈플레이트에서 두 번 실책을 범하는 바람에 팀이 2점을 빼앗겼다. 그러자 코치는 메리에게 다음 주에 특별 캐칭 훈련을 해야겠다고 말했다.

일반적으로 부모가 아이에게 모든 면에서 최고가 되어야 한다는 생각을 노골적으로 드러내는 경우는 없지만, 이 사례와 비슷한 일은 굉장히 쉽게 일어난다. 아이들은 우리에게 생활하면서 여러 어른에게 압박을 받는다는 이야기를 들려주곤 한다.

아이를 밀어붙여서 유리한 고지에 '올려놓으려는' 압박하기 함정은 너무나 유혹적이다. 부모는 아이가 자기 재능을 최대한 발휘하도록 도우려 하지만 아이가 부모로부터 받는 메시지는 "넌 아직 부족해. 분발해야 해"인 경우가 많다. 또 부모가 아이에게 가하는 압력은 부모 자신이 완벽한 부모가 돼야 한다며 느끼는 압박감과 긴밀한 관계가 있다.

부모가 느끼는 압박감

부모는 아이가 태어나자마자 아이에게 해줄 수 있는 모든 것을 다 해줘야 한다는 압박감을 느낀다. 아장아장 걷기 시작할 때부터 글 읽는 법을 가르쳐야 한다는 등, 걷기도 전에 악기를 가르쳐야 한다는 등 부모들은 주위의 다른 부모들이 이야기하는 온갖 새롭고 혁신적인 프로그램 이야기를 듣고서 자신이 아이의 뒷바라지에 최선을 다하고 있는지 의문을 품는다.

이런 압박감은 부모가 자신의 육아 철학에 의문을 품는 데서 시작되기도 한다. '난 우리 아이가 행복하기만을 바라', '난 우리 아이가 자기 관심사를 발전시켜 나갔으면 좋겠어', '사람마다 타고난 강점이 다르지'와 같은 생각은 곧 '이제 유치원을 좀 알아봐야겠어', '유아 외국어 교실을 찾아봐야지', '이제 네 살이 됐으니 악기를 가르쳐봐야겠어'로 변질된다.

육아는 부모가 아이를 대신해서 수없이 많은 결정을 내려야 하는 막중한 책임이 따르는 일이다. 그런데 많은 경우 부모는 아이를 주위의 다른 아이들과 비교하면서 부모 자신의 결정이나 자기 아이의 능력에 의문을 품는다. 그러다 보면 압박하기 함정에 빠지기 십상이다. 다른 아이가 하고 있는 활동이 더 앞서가거나 특별한 것처럼 보일 때는 더더욱 그렇다. 예를 들어 놀이 위주의 유치원이 아니라 학습 위주의 유치원에 다니는 아이, 취미 수준이 아니라 경쟁이 있는 스포츠 팀에 소속된 아이, 일반 학급이 아니라 우등반에서 공부하는 아이에게는 여러 가지 기대가 따라붙는다. 비록 그 아이가 소속된 팀이나 학급에서 뒤처진다고 해도 그곳에 소속되지 않은 다른 아이들에 비해서는 더 우수하거나 재능이 뛰어나리라는 시선이 뒤따르는 것이다. 부모는 아이의 연령대와 상관없이 이런 압박감을 느끼기 때문에 아이를 지나치게 빨리 밀어붙이는 압박하기 함정에 빠지곤 한다.

하지만 이런 압박감은 부모가 느끼는 것이지 아이가 느끼는 게 아니라는 점을 반드시 유념해야 한다. 아이는 친구들과 어울려 재미있게 놀거나 자신이 선택한 활동을 하고 싶어 한다. 대다수 아이는 어떤 활동이 입시 경쟁에 유리한지에는 관심이 없다.

부모라면 누구나 자신이 아이를 잘 기르고 있는지 늘 생각하기 마련이다. 부모는 자연스레 자신을 다른 부모와 비교한다. 그리고 다른 부모의 육아 행위 중에 좋아 보이는 게 있으면 그걸 따라 하고 싶어 한다. 부모는 자신이 '이상적'이라고 생각하는 부모가 되려고 노력하지만, 그게 자신의 아이에게는 이상적이지 않을 수 있다는 사실을 미처 내다보지 못하고 압박하기 함정에 빠진다.

아이가 지치지 않도록

압박하기 함정은 아이가 행복하고 성공적인 인생을 살 수 있도록 부모가 힘닿는 한 모든 것을 해주고 싶은 마음에서부터 시작된다. 하지만 이런 생각에 빠진 부모는 성공과 행복이 자신감과 자부

성공하는 아이는 넘어지며 자란다

심에서 비롯된다는 사실을 잊곤 한다. 자신감과 자부심은 아이가 일찍부터 외국어나 음악을 집중적으로 배울 때 생기는 게 아니라 아이 스스로 좋아하는 활동을 찾고 자신의 관심사를 좇도록 부모가 지지해줄 때 생긴다.

아이는 저마다 다르다는 점을 유념하자. 어떤 프로그램이나 부모의 지원이 다른 아이에게 효과가 좋았다고 해서 내 아이에게도 효과가 좋으리라는 보장은 없다.

아이의 일정을 시시각각 관리하거나 아이를 너무 바쁘게 몰아가지 말자. 아이들은 각자 독특한 잠재력을 타고난다. 아이에게 기회를 주되 아이가 지치지 않도록 적절한 균형을 잡아주는 일이 부모가 짊어져야 할 가장 큰 책임 중 하나다.

사주기 함정

부모는 아이가 소외되지 않기를 바란다. 그래서 아이가 필요하다고 하면 아무 대가 없이 그냥 물건을 사주는 함정에 빠진다.

요즘에는 값비싼 최신 스마트폰이나 태블릿 PC, 음악 기기를 가진 아이가 깜짝 놀랄 만큼 많다. 게다가 아이들이 갖고 있는 값비싼 기기는 생일이나 특별한 날 선물로 받은 게 아니라 부모가 그냥 사준 것일 때가 많다. 사정을 물어보면 몇몇 부모는 "예전 핸드폰으로는 다른 친구들처럼 놀 수가 없다고 해서 새것을 사줬어요"라고 말한다. 또 부모들은 아이가 기뻐하는 모습을 보고 싶어서 뭔가 멋진 물건을 사주기도 한다.

성공하는 아이는 넘어지며 자란다

아이들은 날마다 이런 '멋진' 물건을 가지는 게 자신에게 얼마나 중요한 일인지 엄마 아빠가 알아야 한다고 말한다. 그게 없으면 친구들에게 놀림을 당하고 소외감을 느끼게 될 거라면서 말이다. 부모는 아이가 원하는 물건을 사주기만 하면 문제가 해결되고 아이가 친구들 사이에서 겉돌지 않을 거라 생각한다. 대다수 부모는 아이가 제힘으로 필요한 물건을 마련하는 편이 더 바람직하다는 걸 알면서도 아이가 하도 졸라대니 거절하기가 쉽지 않다고 말한다. 부모는 그렇게 사주기 함정에 빠진다.

이전 세대의 아이들은 갖고 싶은 물건이 있으면 제힘으로 얻어야 한다고 배웠다. 그 시절에는 선택권이 있었다. 지금 일해서 나중에 얻든가, 지금 일하지 않고 아무것도 얻지 못하든가 하는 식으로 상황이 아주 단순했다. 당시에는 선물이 아주 특별한 날에나 받는 것이어서 아무 이유 없이 그냥 받는 일이 없었다. 그래서 십 대들은 자기가 갖고 싶은 걸 사려고 아르바이트를 해서 돈을 모았다. 하지만 오늘날에는 그렇지 않은 때가 굉장히 많다.

부모 중에는 자신이 궁핍하게 자란 탓에 자식만큼은 남부럽지 않게 키우고 싶다고 말하는 사람들이 있다. 하지만 그런 부모 밑에서 자란 아이는 응석받이가 되기 쉽다. 오늘날 아이들에게 그냥 주어지는 물건이 얼마나 많은지 생각해보자. 다달이 들어가는 핸드폰 요금이나 앱 구매 비용을 자기 용돈으로 치르는 아이가 과연 얼마나 될까? 아이들이 집안일을 전혀 돕지 않고도 용돈을 받는다는 소리가 점점 더 많이 들려온다. 이처럼 자녀가 소외감을 느끼지 않게 해주려고 부모들이 갖가지 물건들을 사주는 세태는 '갖고 싶은 것을 얻으려면 노력해야 한다'는, 대다수 부모가 매우 중요하다고 동의할 만한 철학과는 방향이 전혀 다르다.

노력해서 얻는 방법을 가르치자

미국에서는 갖고 싶은 물건을 사기 위해 제힘으로 용돈을 버는 아이들의 숫자가 크게 줄었다. 통계에 따르면 일하는 청소년의 비율은 전반적으로 실업률이 하락하던 시기에도 역대 최저치를 기록했다. 미국의 한 인터넷 매체에 따르면 일하는 청소년의 비율이 1999년 52퍼센트에서 2013년 32.35퍼센트까지 떨어졌다.[5]

아르바이트는 청소년이 책임감과 독립심을 기르고 돈 버는 일의 가치를 깨달으며 일상을 계획하고 준비하는 연습이 될 뿐 아니라 스스로 일할 수 있다는 자신감을 기르는 소중한 기회가 된다. 하지만 앞서 살펴보았듯이 학업과 과외 활동으로 너무 바빠진 아이들은 일할 시간을 내기가 어려워졌다. 그 결과 청소년들은 스스로 용돈을 벌어 쓰지 못하게 됐고, 갖고 싶은 물건은 부모가 대신 사주게 됐다. 아이들의 마음속에 갖고 싶은 물건을 별다른 노력 없이도 쉽게 가질 수 있다는 생각이 자리잡은 배경이다.

갖고 싶은 물건을 얻기 위해 노력하는 일이 가치 있음을 아이에게 가르치는 방법은 다양하다. 먼저, 용돈은 아무 대가 없이 주지 않는다. 스스로 용돈을 벌게끔 이끈다. 대다수 가정은 아이에게 집안일을 거들며 용돈을 벌 기회를 줄 수 있다. 용돈을 주는 방식은 집안 사정에 맞게 하면 된다. 예를 들어 집안일 목록을 만들고 아이 각자에게 담당해야 할 집안일을 나눠주는 방법이 있다. 또 집안일마다 받는 용돈의 액수를 정해놓고 아이가 집안일을 할 때마다 주는 방법도 있다.

이때 아이에게 가족의 일원으로서 자기 몫을 감당해야 한다는 생각을 심어주려면 저녁 상차림 돕기, 다 먹은 접시 치우기, 쓰레기 내놓기, 필요시 주말에 집안일 돕기 등과 같이 아이가 용돈과 상관없이 일상적으로 수행하는 집안일도 있어야 한다. 이런 일상적인 도움 외에 빨래, 마당 쓸기, 세차, 청소(청소기 돌리기, 먼지 털기, 걸레질하기 등)와 같이 용돈을 벌 수 있는 집안일을 함께 마련한다.

아이가 바깥일을 해보도록 독려하는 것도 아이에게 돈 버는 일의 가치를 가르치는 또 하나의 방법이다. 십 대 학생 중에는 정기적으로 아르바이트를 할 수 있는 아이도 있고, 가끔 이웃집 아이를 돌보거나 개를 산책시키는 일을 할 수 있는 아이도 있을 것이다. 바깥일은 십 대 자녀가 주도적으로 책임감 있게 시간을 관리하고 자신이 잘하는 일로 돈을 번다는 자신감과 자부심을 얻는 등 집안일과는 다른 장점이 있다.

제힘으로 번 돈으로 물건을 사면 좋은 점

돈을 벌어서 뭔가를 산다는 개념을 어려서부터 심어주면 여러모로 좋은 점이 많다. 아이에게 만족 지연과 더불어 갖고 싶은 물건은 그냥 주어지는 게 아니라 노력을 기울여 스스로 얻어내야 한다는 점, 그리고 목표 달성을 위해 계획하고 노력하는 법을 가르칠 수 있기 때문이다.

아이가 물건을 사주지 않는다고 화를 낼 때 아이 스스로 돈을 벌어서 물건을 사는 방법을 제시해주면, 아이의 부탁을 거절하지 않으면서 아이에게 선택권을 주는 셈이 된다. 또 아이가 중요하게 생각하는 것에 부모가 관심을 가지고 있음을 알려줄 수 있고, 더불어 아이에게 목표가 무엇이든 그것을 이룰 수 있는 방법이 있다는 교훈을 줄 수 있다. 아이는 그저 목표 달성을 위해 주도적으로 나서기만 하면 되는 것이다.

아이가 뭔가를 사고 싶다고 말할 때 아이를 지지해주는 것은 좋다. 하지만 아이가 갖고 싶은 물건을 그냥 사주지는 말자. 그저 아이가 관심을 보이는 새로운 물건에 부모가 함께 관심을 기울여준다. 그리고 아이가 갖고 싶은 물건을 살 수 있도록 값을 치를 방법을 함께 고민해본다.

"오늘 마당 쓰는 일을 도와주면 그 장난감 사줄게."

"맞아. 네 친구가 갖고 있는 그 게임 진짜 재밌어 보이더라. 아빠가 봐도 재미있을 것 같아. 그럼 그게 얼만지 알아보고 네가 그걸 어떻게 살 수 있을지 의논해보자."

"그래. 엄마도 새로 출시된 그 청바지가 마음에 들어. 그런데 엄마가 평소에 사주는 청바지보다 훨씬 비싸더라. 엄마가 평소만큼의 돈은 줄게. 추가로 필요한 돈은 어떻게 모을 수 있을지 같이 의논해보자."

아이가 값비싼 물건을 갖고 싶어 할 때는 그만한 돈을 벌기 위해 얼마만큼 일해야 하는지를 알려주면 돈의 가치를 이해하는 데도 도움이 된다. 그 과정에서 아이는 만족을 지연하고 문제를 해결하며 미리 계획하는 능력을 기를 수 있는데, 이 능력들은 전부 부모가 자녀에게 가르쳐주려고 애쓰는 중요한 삶의 기술이다.

"그래, 정말 좋은 핸드폰이지. 그런데 그건 얼마니? 네 핸드폰 약정이 얼마나 남았는지, 지금 핸드폰을 새로 사면 보조금을 얼마나 받을 수 있는지 알아보자. 그 핸드폰을 더 빨리 사고 싶다면 필요한 돈을 마련할 방법을 찾도록 아빠가 도와줄게."

"내년에 네 자전거를 갖고 싶다고? 자전거가 종류별로 얼마인지 알아보고 필요한 돈을 벌려면 얼마나 일해야 하는지 같이 살펴보자."

성공하는 아이는 넘어지며 자란다

죄책감 함정

부모는 자신 때문에 아이가 속상해한다고 생각할 때면 죄책감을 느낀다. 그래서 아이가 제 몫을 감당하도록 지켜봐주기보다 아이의 요구를 들어주는 함정에 빠지기 쉽다.

대다수 아이는 부모에게 뭔가를 끈질기게 조를 때가 있다. 그것은 발달상 일반적이고 정상적인 행동이며 아이들의 이런 시도가 효과를 발휘할 때도 많다. 아이는 굉장히 다정한 말투로 "엄마, 제발, 제발, 제발요. 저 인형 사주면 안 돼요?"라고 묻는다. 그리고 긍정적인 답변을 받지 못하면 몇 번이고 조르거나 떼를 써서 부모를 지치게 한다. 부모의 죄책감을 자극하면서 애원할 때도 있다. "그 수업 성적 진짜 잘 받고 싶은데, 엄마가 과제를 안 가져다주면 성적을 잘 받을 수가 없어요"라고 말이다. 그렇게 순식간에 판이 뒤집히고 해결책을 제공해야 하는 쪽은 부모가 되고 만다. 부모가 아이의 문제를 대신 해결해주면 죄책감에서 벗어날 수 있고 아이와의 관계도 원만해지겠지만, 그게 정말 그때 한 번뿐일까?

부모는 아이가 속상해하면 죄책감을 느끼면서 자신의 결정을 의심한다. 부모가 아이에게 한계를 지우려 할 때는 아이가 화낼 위험을 감수해야 한다. 말다툼이 벌어질 수도 있고 "엄마 미워!", "아빠 이해 못 해", "내 인생은 엄마 때문에 망했어"라는 말을 들을 수도 있다. 아이가 크는 동안 흔히 일어날 수 있는 일이지만 집 안에 이런 냉랭한 기운이 돌기를 바라는 부모는 없다. 그래서 부모는 아이의 요구를 들어주는 죄책감 함정에 빠지고 만다. 그러면 단기적으로는 문제가 해결된 듯 보여도 거기에는 장기적인 결과가 뒤따른다.

바빠서 미안한 부모들

요즘 부모들은 정말 바쁘다. 예전보다 맞벌이 가정이 많아지면서 부모들은 미안한 마음에 아이의 요구를 들어줄 때가 많아졌다. 아이의 학교 행사나 놀이 모임에 함께 가주지 못한 게 미안해서 아이의 문제를 대신 해결해주거나 아무 이유 없이 값비싼 물건을 사준다. 아이가 부탁하지도 않았는데 특별식을 만들어주거나 최신 기기를 사주기도 한다.

일상생활이 바쁜 부모들은 아이가 스스로 문제를 해결해보도록 이끌어주는 대신 해결책을 곧장 제시해주려는 경향이 강하다. 아이가 편안해지는 모습을 보면 기분이 좋아지기 때문이다. 예컨대 아이가 "엄마, 오늘 엄마가 내가 싫어하는 음식을 싸줘서 점심을 하나도 못 먹었어. 그래서 지금 엄청 배고파. 가는 길에 먹을 것 좀 사가자"라고 말했다고 가정해보자. 이런 말을 들으면 부모는 죄책감을 느끼기 마련이다. '내가 싸준 음식이 맛이 없어서 배가 고프다니…' 그래서 부모는 아이의 주린 배와 자신의 죄책감을 달래려고 집에 가는 길에 음식을 사기 쉽다.

하지만 부모가 이렇게 반응하면 아이는 자신의 욕구를 즉각 만족시키는 데 익숙해지고 아이의 문제는 곧 부모의 문제로 둔갑한다. 음식을 사가는 대신 "집에 가서 네가 간식을 챙겨 먹으면 어떨까? 점심 메뉴가 마음에 안 들면 엄마랑 의논해서 다른 걸 골라보자"라고 말할 수도 있다. 그러면 아이는 스스로 자신을 돌볼 줄 알아야 한다는 것(때로는 좋아하는 음식이 아니더라도 몸에 좋고 영양가 있는 음식을 먹어야 한다는 것)을 배우고 독립심(스스로 간식 챙겨 먹기)과 계획성(다음 점심거리 계획하기)을 기를 수 있다.

금요일만큼은 즐겁게

맞벌이 부모의 고충 중 하나는 일하지 않는 시간에는 집안일을 해야 한다는 점이다. 여가 시간 같은 건 거의 주어지지 않는다. 그래서 아이가 같이 놀아달라거나 친구와 놀이 약속을 잡아달라고 하면 기약도 없이 "오늘은 안 돼"라고 대답할 때가 많다. 그러고 나서 집안일을 하는 동안 아이가 TV나 핸드폰을 보고 있으면 죄책감을 느낀다.

'금요일만큼은 즐겁게'를 꾸준히 실천해보자. 대체로 금요일이 좋지만 가족 모두의 상황과 맞다면 어느 날이라도 상관없다. 이날만큼은 빨래도 청소도 숙제도 하지 말자. 그렇게 정해두면 아이가 부모에게 같이 놀아달라고 말할 때 "좋아. 금요일에 같이 놀자"라고 대답할 수 있다. 아이가 친구를 초대하고 싶다고 할 때도 "금요일에 초대하면 되겠네"라고 대답할 수 있다. 그러면 아이는 언제 자기가 하고 싶은 일을 할 수 있는지 알게 되고, 부모는 죄책감을 느끼는 대신 금요일을 기대할 수 있다. 그리고 이날은 부모에게도 즐거운 날이 될 수 있다. 해야 할 일이 없는 날을 누가 마다하겠는가.

육아의 함정을
확인하고 대처하는 법

부모가 설정한 한계를 시험하고 자기 욕구를 충족할 길을 찾는 건 아이의 몫이다. 한편 한계를 설정하고 자기 욕구를 올바른 방식으로 충족하도록 아이를 이끄는 것은 부모와 교사의 몫이다. 이제 부모가 흔히 빠지는 육아의 함정을 살펴봤으니 함정에 빠졌을 때 그것을 알아차리는 방법을 살펴보자. 무엇보다 부모가 아이를 가르칠 때보다 아이 대신 문제를 해결할 때 위험이 도사리고 있음을 아는 게 중요하다. 다음 사항들을 보며 육아의 함정에 얼마나 빠져 있는지 스스로 가늠해보자.

- 아이는 문제가 생기면 아무 생각 없이 곧장 부모에게 문제를 들고 오는가?

- 아이가 문제가 생겼다고 얘기할 때 해결책을 제시하지 않은 채 아이의 이야기를 잠자코 들어주기가 어려운가?

- 부모가 나서서 문제를 해결해주지 않으면 아이가 화를 내거나 속상해하는가?

- 아이의 부탁을 들어주지 않을 때 죄책감을 느끼는가?

- 아이가 친구의 부모와 나를 비교하는가?

- 아이가 생일이나 크리스마스가 다가오기 전에 이미 갖고 싶은 걸 전부 가졌는가?

- 남들도 다 그런다며 아이의 생일 파티를 너무 호화롭게 치르지 않는가?

- 아이가 좋은 담임 선생님을 만나기를 바라는 마음에 매년 학교에 편지를 쓰는가?

- 아이의 학교 숙제를 너무 많이 도와주고 있지는 않은가?

- 아이가 뭔가 부탁을 하면 하던 일을 멈추고 바로 들어주는가?

- 아이의 문제를 대신 해결해주고 나서 이번 한 번뿐이라고 혼자 다짐하는가?

- 급한 상황이 아닐 때도 하던 일을 멈추고 아이의 문자에 답장을 보내는가?

이로써 자신이 빠져 있는 함정을 확인했다면, 그다음 할 일은 그 함정을 피하고 이후에 일어날 일에 대비하는 것이다. 아이는 부모에게 거절당하거나 혼자 끙끙거리며 애써야 하는 상황이 영 못마땅할 것이다. 부모에게 문제를 들고 오는 아이는 그 문제 때문에 굉장히 불안해하고 있으리라는 점을 염두에 두자. 아이는 부모가 자기 마음을 달래주길 기대한다. 하지만 부모의 역할은 아이의 문제를

성공하는 아이는 넘어지며 자란다

대신 해결하는 것이 아니라 아이가 스스로 해결책을 찾아가도록 부드럽게 이끌어주는 것이다.

불안은 건강한 감정

불안은 불확실한 미래를 걱정할 때 느끼는 감정이다. 다시 말해서 앞으로 무슨 일이 일어날지 알지 못할 때 우리는 불안해진다. 부모는 인생이 불확실성으로 얼룩져 있음을 안다. 우리 자신을 위해서나 우리 아이들을 위해서 그런 현실을 바꿀 방법은 없다. 부모가 할 수 있는 일은 그저 아이가 인생의 불확실성 앞에서 차분히 대처할 수 있도록 준비시켜주는 것이다.

십 대 중에는 뭔가가 불안해서 해당 상황을 회피하다가 우리 상담실을 찾아오는 경우가 많다. 십 대들이 불안감을 느끼는 원인은 다양하지만, 무엇보다 중요한 원인은 바로 이 아이들이 부모의 도움 없이 스스로 문제를 해결해본 경험이 거의 없다는 데 있다. 십 대들은 부모가 문제를 해결해주어 불편한 감정이 해소되기를 바라며 불안감을 호소할 때가 많다. 이 아이들은 불안감이란 일시적이며 자신이 문제를 해결해서 그 불안감을 낮출 수 있다는 사실을 깨닫지 못한다. 대신 부모가 늘 곁에서 자신을 구해줄 테니 결국 문제가 잘 해결되리라는 그릇된 안정감을 가진다.

스스로 문제를 해결하는 연습을 해본 적이 없는 아이들은 십 대에 이르러 부모가 도와주지 못할 정도의 실수를 저지르고는 큰 어려움을 겪는다. 예컨대 십 대들은 아주 늦은 시간에 몰려다니거나 술을 마시다가 경찰에 적발되기도 하는데, 부모들은 자신의 아이가 그런 일을 저질렀다는 게 도무지 믿기지 않는다고 토로한다. 이 아이들은 부모가 날마다 통학을 시켜줬고 부모가 계획한 사교 모임에만 참석했으며 이런저런 일로 바빠서 집안일이나 아르바이트를 할 시간이 전혀 없었던 것이다.

스스로 뭔가를 선택해볼 기회가 없었던 아이가 올바른 선택을 하리라 기대하는 것은 무리다. 물론 부모로서 아이에게 엉뚱한 일을 벌일 자유를 주는 게 쉽진 않지만, 아이가 어렸을 때 실수해보도록 기회를 줘야 나중에 스스로 선택해야 하는 시기에 올바른 선택을 할 수 있다.

부모가 아이를 구해주는 행동의 밑바닥에는 부모 자신의 불안감과 아이를 보호하고자 하는 보호 본능이 있다. 부모라면 누구나 자기 아이가 나쁜 일을 겪지 않도록 지켜주고자 한다. 특히 부모에게 그럴 만한 능력이나 지식이 있다면 더더욱 그렇다. 하지만 부모가 아이에게 줄 수 있는 가장 좋은 선물 중 하나는 바로 불확실성을

성공하는 아이는 넘어지며 자란다

두려워하지 않도록 가르치는 일이다. 그러면 아이는 어떤 상황이 벌어져도 자신에게 대처할 능력이 있음을 알고 자신감을 가진다.

스스로 경험하고
해내게 하자

아이가 잘 아는 식당에서 혼자 화장실을 다녀오게 하는 아주 간단한 일도 비슷한 예가 될 수 있다. 물론 아이가 화장실에 혼자 갔다가 테이블로 돌아오는 길을 잃을 수도 있고 그러면 아이는 불안감을 느낄 것이다. 하지만 아이는 여기저기 두리번거리면서 돌아다니거나 식당 직원에게 물어서 테이블을 찾아올 것이고, 그 경험을 통해 자신에게 문제 해결 능력이 있음을 깨달을 것이다. 또 자주 가는 마트에서 두세 가지 물품을 아이에게 찾아와 달라고 부탁하는 것도 또 다른 방법이다.

이렇게 뭔가를 스스로 경험해보면서 아이는 자신감과 책임감을 길러 나간다. 그러다가 아이가 길이라도 잃으면 어쩌냐고 반문하는 부모가 있다면, 그렇게 안전한 환경에서라면 아이가 길을 잃고 스스로 대처할 기회를 갖기를 바란다고 답해주고 싶다.

낯선 상황에 아이를 혼자 두기가 불안하다면 부모가 멀리서 지켜봐도 된다. 아이가 화장실을 찾아갈 때 식당 한쪽에서 지켜보거나, 학교에 도착하기까지 두어 블록을 남겨놓고 거기서부터 아이가 혼자 걸어가도록 한 다음 차 안에서 지켜볼 수도 있을 것이다. 아니면 아이가 다른 아이들과 노는 동안 공원 한쪽에서 그 모습을 지켜볼 수도 있을 것이다. 이때 부모는 멀리서 지켜보기만 해야지 문제가 생겼다고 덥석 개입해서는 곤란하다. 아이가 길을 잃었다면 일단 나서지 말고 아이 스스로 부모를 찾아오는지 살펴보자. 그때는 인내심을 발휘해야겠지만 일단 아이가 스스로 문제를 해결해내는 모습을 보고 나면 내 아이를 조금 더 믿게 될 것이다. 쉽지 않겠지만 아이가 위험한 상황이 아니라면 성급히 나서서 도와주지 말자.

해결책을 알려주고 싶어도 꾹 참자

아이가 부모에게 불만거리나 문제를 가지고 오면, 부모의 첫 반응은 항상 "무슨 일인지 엄마 아빠한테 얘기해봐"여야 한다. 그러면서 아이의 이야기에 부모가 관심을 갖고 있음을 보여준다. 그다음에는 "이 문제를 어떻게 해결하면 좋을지 생각해봤어?"라고 묻거나 "그래서 네 계획은 뭐야?"라고 묻는다. 그러면 아이는 문제를 어떻게 해결할지 생각해보게 된다. 또 이런 질문을 함으로써 부모가 아이의 말에 계속해서 귀 기울이고 있음을 보여줄 수 있다. 이 시점에서는 해결책을 제시하고 싶은 마음이 굴뚝같더라도 참아야 한다.

아이에게 지금 당장 해결책이 떠오르지 않아도 괜찮다고 말해준다. 사실 문제 해결에서 가장 중요한 것 중 하나는 문제 앞에서 침착한 태도를 유지하는 것이다. 아이가 몇 가지 해결책을 떠올렸다면 그 해결책을 적용했을 때 어떤 결과가 나올지 미리 생각해보게 질문을 던진다. "그렇게 하면 어떻게 될까?" "그렇게 하면 친구들이 어떻게 반응할 것 같아?" 먼저 아이의 이야기를 오래도록 듣고 아이와 길게 대화를 나눈 후에 "이렇게 하는 건 어떨까?"라든지, "엄마 아빠가 다른 방법을 떠올릴 수 있게 좀 도와줄까?"라고 묻는다.

툭하면 부모 찬스를 쓰는 아이들

오늘날 아이들은 핸드폰 덕분에 부모 찬스를 쓰기가 훨씬 편해졌다. 버튼만 누르면 언제든 엄마 아빠가 문제를 해결해줄 수 있으니 아이들은 부모의 도움을 당연시한다. '내 문제는 내가 스스로 해결해야 한다'는 마음가짐이 없으면 아이는 문제가 생길 때마다 부모에게 의지하는데, 문자 메시지가 그 과정을 더 수월하게 해준다.

그래서 아이들은 문제가 해결될 때까지 시간을 들여 기다리거나 스스로 해결책을 떠올려볼 필요가 없다. 부모에게 연락하기만 하면 문제를 즉시 해결할 수 있기 때문이다. 다음은 부모들이 직접 들려준 실제 사례들이다.

"엄마, 과제를 집에 놓고 왔어요. 오늘이 마감이에요. 학교에 좀 가져다줄 수 있어요?"

"아빠, 오늘 방과 후 훈련 때 신을 운동화 좀 가져다주세요."

"엄마, 오늘 입고 온 반바지가 복장 규정에 걸렸어요. 다른 반바지 좀 가져다주면 안 돼요? 안 그러면 체육복을 입고 있어야 해요."

"아빠, 오늘까지 미술 과제를 마쳐야 해서 물감이랑 도화지랑 풀이 필요해요. 내일까지 제출해야 하는 과제예요."

누구나 자신에게 의미 있는 정보를 더 깊이 처리한다. 샤워 후에 수건을 내팽개쳐놓지 말라고 매번 아이에게 일러줘야 하는 상황을 떠올려보자. 부모가 바닥에 떨어져 있는 수건을 보고 아이에게 "수건 걸어놔야지"라고 말하고는 아이 대신 수건을 걸어주면 아이는 앞으로도 수건을 걸어놓지 않을 공산이 크다. 그건 엄마 아빠 말을 무시해서가 아니라 수건을 걸어놓아야 한다는 걸 잊어버리기 때문이다.

만약 수건을 바닥에 내팽개쳐놓을 때마다 친구와 놀 수 없다거나 전자 기기를 사용할 수 없다고 하면 어떨까? 다음번에 아이가 수건을 걸어둘 가능성이 커지지 않을까? 행동의 결과를 아이에게 알려주고 그대로 실천하면 부모의 요청이 아이에게 훨씬 큰 의미로 다가가게 되고 결과적으로 기억하기도 더 쉬워질 것이다. 경험은 말보다 기억에 훨씬 잘 남는다. 아이가 할 일(과제 제출하기, 현장학습비 챙기기, 체육복 준비하기, 준비물 미리 알려주기 등)을 잊어서 부모 찬스를 쓰는 일이 잦다면, 할 일을 잊은 것에 따른 결과를 아이가 직접 경험하게 하면 효과가 더 좋다.

부모가 이끌어주는 사회적 기술

부모들은 아이가 또래 사이에서 어린 시절의 자신과 똑같은 시행착오를 경험하는 모습을 볼 때 아이를 보호하고 싶어진다. 세상에는 운 좋게도 사회적 기술을 타고나서 친구가 쉽사리 생기는 아이도 있다. 하지만 대체로 친구를 사귀려면 어느 정도 노력을 기울여야 한다. 대인관계 기술은 아이가 연습을 통해 배울 수 있다. 부모가 처음부터 끼어들어 아이를 구해주지만 않는다면 말이다.

아이들에게는 사회적 기술을 익힐 기회가 필요하다. 그런데 그런 기회를 스스로 만들지 못하는 아이도 있으니 그럴 때는 부모가 도움의 손길을 내밀어도 좋다. 아이가 사회적 기술을 익힐 때 부모가 어떤 도움을 줄 수 있는지 성장 시기별로 정리해봤다.

- **유아기:** 유아의 경우 놀이 약속이나 단체 활동을 계획하는 것은 부모의 몫이다. 친구와 놀 기회는 많을수록 좋지만 아이에게는 차분하게 지내는 시간도 필요하다. 친구와 함께 할 수 있는 활동을 여럿 제시하고(미술 활동, 단체 놀이, 공원 가기 등) 아이가 스스로 선택하도록 하자. 이때 아이는 부모가 제시한 선택지 중 하나를 선택해도 좋고, 아예 다른 활동을 선택하거나 여러 가지를 창의적으로 조합해도 좋다.
- **아동기:** 아이가 초등학생이 되면 부모가 정해놓은 한도 안에서 아이 스스로 놀이 약속을 잡도록 도와주자. 예를 들어 부모가 "이번 주에는 월요일이랑 목요일에 학교 끝나고 오후 다섯 시까지 집에 친구를 초대해서 같이 놀아도 돼"라고 얘기해준다. 아이들이 좋아하는 건강한 간식과 재밌는 놀잇감을 준비하고, 친구들 집이 멀다면 차로 데려다주겠다고 제안한다. 부모가 아이들을 데리고 집에 오는 건 괜찮지만 일단 집에 들어오면 아이들끼리 놀면서 사회적 기술을 익힐 기회를 준다. 아이를 가장 잘 아는 건 부모이므로, 만약 아이가 친구와 이야기 나누는 상황을 부담스러워한다면 처음에는 같이 영화를 보거나 새로 나온 게임을 같이 하는 식으로 놀거리를 정해놓는 것도 도움이 된다.
- **청소년기:** 아이가 청소년이 되면 또래 관계에 문제가 없는지 지속적으로 주의를 기울여야 한다. 아이의 교우 관계에 관심을 놓지 않는 좋은 방법 중 하나는 아이

성공하는 아이는 넘어지며 자란다

에게 자주 물어보는 것이다. 아이가 친구 사귀기를 어려워하는 것 같으면 또래와 가까워지기 위해서 뭘 하는지 물어본다. 때로는 부모가 이야기를 들어주는 것만으로도 충분하지만 조금 더 도와줘야 할 때도 있다. 단순히 문제를 '해결해주고픈' 유혹은 뿌리치면서 말이다. 아이가 친구에게 전화를 걸어서 같이 놀자는 말을 꺼내기 어려워하면, 구체적으로 전화할 거리를 찾도록 도와준다(축구 경기나 영화를 보자거나 요즘 유행하는 유튜브 영상을 챙겨 보자고 하기). 먼저 전화 걸기를 부담스러워하는 아이라면, 문자 메시지가 큰 도움이 된다. 문자 메시지를 활용하면 조금 더 편안하게 친구들과 소통할 수 있다. 하지만 문자로 몇 번 소통한 다음에는 그것에만 의존하지 말고 친구에게 직접 전화를 걸어 이야기를 나누도록 격려한다.

모든 순간마다
아이를 돕고 싶은 부모에게

현재 상황

부모는 아이가 속상해하거나 불안해하는 모습을 두고 보기가 괴롭다. 그래서 아이가 부정적인 경험을 하지 않도록 가능한 한 모든 조치를 취하려 한다.

잠깐 생각해보기

부모는 아이가 겪는 갖가지 문제를 쉽고 빠르게 해결해줄 능력이 있다. 부모가 나서면 눈물바람이나 입씨름 없이 문제를 해결할 수 있고 아마 결과도 더 좋을 것이다. 하지만 아이에게 꼭 필요한 연습의 기회는 사라진다.

조언

아이를 돕고픈 유혹을 떨쳐내자. 다음과 같은 방법으로 아이 스스로 문제를 해결할 방법을 찾게 한다.

1. 기다림이 예외가 아니라 일상이 되게 한다. 아이는 어렸을 때부터 기다릴 줄 알아야 한다. 유아든 아동이든 청소년이든 아이의 부탁을 천천히 들어준다. 아이의 연령에 따라 기다리는 시간을 조절한다.
2. 평소에 아이 스스로 뭔가를 시도해볼 기회를 자주 준다.

3. 아이가 문제와 씨름 중이라면 기다려준다. 아이에게 조언을 해주되 곧장 손쉬운 해결책을 제시하지는 않는다. 아이가 내놓은 해결책이 완벽하지 않더라도 고쳐주지 말자. 아이가 완벽한 해결책을 내놓기는 어렵겠지만 그래도 괜찮다.

4. 시행착오를 허용한다. 안전에 위협이 되지 않는 한, 아이가 일단 시도하고 경험해 보는 것이 문제 해결 능력을 기르는 가장 좋은 길이다.

5. 사실관계를 확인한다. 아이에게 무슨 일이 있었는지, 다음번에는 어떻게 행동하고 싶은지 물어본다.

6. 아이가 자신의 행동과 선택에 따른 결과를 자연스럽게 경험하게 한다. 행동과 선택에 따른 결과를 경험해봐야 기억에 남고 다음에 다르게 행동할 수 있다.

2장

부모와 아이는
언제든 실수할 수 있다

완벽한 부모가
되어야 한다는 생각

세 살배기 아이를 기르는 한 엄마와 세 번째로 만났던 날이 잊히지 않는다. 그녀는 남편과 함께 육아 상담을 받으러 상담실을 찾았는데, 세 번째 상담 날 남편이 늦는 바람에 첫 30분간 남편 없이 대화를 나누게 됐다. 아이의 엄마는 그 주에도 거의 잠을 자지 못해서 (아이가 아직 통잠을 자지 않았다) 금방이라도 무너질 것처럼 보였다.

상담을 시작한 지 5분쯤 지났을 때 엄마는 아이를 돌보다가 차를 타고 훌쩍, 핸드폰도 놓고 나가버리고 싶을 때가 있다고 고백했다. 그러면서 수치심 어린 눈빛으로 나를 바라봤다. 그런 부모가 꽤 많다는 내 말에 그 엄마는 아이를 낳고 제법 오랜 기간 동안 우울 증세를 겪었다고 털어놓았다(산후우울증이 분명해 보였다). 그리고 어린 딸을 키우는 그 소중한 순간에 친구들과 달리 자기만 '순전한 행복감'을 느끼지 못했다면서 자신에게 뭔가 문제가 있는 게 틀림없다고 말했다.

출산 후 한 해가 지나고 우울감은 사라졌지만 죄책감은 쉬이 사라지지 않았다. 그 엄마는 딸아이에게서 벗어나 혼자 시간을 보내고 싶은 마음을 품었다는 게 너무나 미안했다. 그래서 아이에게 보상을 해주고 싶은 마음에 아이가 제멋대로 행동해도 제지하지 않는 편이었고 그것 때문에 남편과 갈등을 빚었다. 그러면서 또 부모로서 아이에게 적절한 한계를 설정해주지 못했다는 죄책감에 시달렸다.

부모가 되는 순간 우리에게는 압박감이 몰려온다. 어쩌면 난생처음으로 이제부터는 모든 걸 제대로 해내야 한다고 느낄지도 모른다. 실수를 두려워하는 마음이 어느 때보다 커진다. 곧 부모가 된다는 사실을 알게 될 때는 친구와 가족뿐만 아니라 마트에서 만난 낯선 사람의 추천과 조언까지 다 따라야 할 것 같은 생각이 든다. 그럴 때 부모는 압박감이 만드는 함정에 빠져들기 시작한다. 사람들의 조언을 따르지 않으면 아이를 위해 최선을 다하지 못한 느낌이 든다. 완벽을 향한 경주가 시작되는 것이다.

완벽해져야 한다는 생각은 대개 임신 사실을 알게 된 순간부터 시작된다. 그때부터 주위에서 일어나는 일상의 사건들이 새롭게 보

성공하는 아이는 넘어지며 자란다

인다. 식당이나 가게, 사교 모임에서 아이와 함께 있는 가족이 더 자주 눈에 띄고, 이제 막 아이가 생긴 부모를 겨냥한 광고에도 눈길이 간다. 또 일상에서 마주치는 수많은 사람이 자기 경험담과 조언을 쏟아놓기 시작한다.

친구 생일 파티에서조차 임신 소식이 알려지는 순간 신생아 돌보기부터 십 대 청소년 다루기에 이르기까지 온갖 견해를 듣게 된다. "유치원 원서는 지금 넣어놓으세요. 초등학교 입학 전에 글을 떼게 해주는 유치원에 들어가려면 꼭 그렇게 해둬야 해요." 이런 식의 조언이 끝도 없이 이어진다. 임신 기간에도 임신 중 지켜야 할 완벽한 식단에서부터 태교 책, 태아 스트레스 줄이는 법, 태아를 음악 애호가로 키우는 법까지 말이다. 도대체 이런 조언을 모두 따르는 게 가능하기는 할까?

하지만 주위를 둘러보면 다른 이들은 어떻게든 방법을 찾은 것 같다. 그래서 새내기 부모는 불면과 좌절과 절망감으로 얼룩진 육아 세계를 헤쳐 나가면서도 주위 사람들에게 자신의 걱정거리나 실수를 편안하게 털어놓지 못한다. 그런 얘기를 하면 다른 부모들이 자신을 무능한 부모로 볼 것만 같다. 아니 어쩌면 그건 자신의 무능함을 시인하는 꼴이 될지 모른다.

이런 이유로 부모들은 사람들과 이야기를 나누는 대신 책이나 인터넷에서 육아 정보를 찾는다. 그 속에는 유용한 조언이 많이 담거 있지만 불행히도 "처음 부모가 되면 실수하기 마련이고 실수를 좀 해도 괜찮다"라거나 "바쁘거나 휴가 중이거나 그저 너무 피곤해서 이 책의 조언을 따르지 못하는 날도 있겠지만 걱정할 필요는 없다. 다음 날부터 다시 시작하면 된다"라는 내용은 좀처럼 찾아보기 힘들다. 하지만 그런 게 현실이다. 누구나 실수하기 마련이고 실수해도 괜찮다.

실수를 편안하게 공유하자

육아가 어렵다는 걸 인정하면 아이를 기르면서 겪는 시행착오를 조금 더 솔직하게 공유할 수 있다. 운 좋게도 육아에 서툰 모습까지도 편안하게 공유할 줄 아는 부모가 주위에 있다면 매사에 완벽해야 한다는 압박감은 눈 녹듯 사라진다. 언젠가 유치원 등원 길에 만난 한 엄마로부터 크게 위로받았던 적이 있다. 그 엄마는 웃으며 인사를 건네더니 "너무 가까이 오지 말아요! 오늘은 정말이지 정신이 하나도 없어서 이 닦는 것도 잊어버렸다니까요"라고 말했다. 다른 부모도 아이 뒤치다꺼리하느라 정신없이 뛰어다니다가 양치처럼 기본적인 일조차 잊는다는 걸 안 순간 얼마나 안도감이 들던지. 그 엄마는 가장 가까운 친구 중 하나가 됐다.

부모라면 누구나 자신이 제대로 아이를 키우고 있는지 문득문득 걱정될 때가 있다. 그러나 걱정거리를 나눌 사람이 있다면 누구나 마찬가지라는 점을 깨닫게 된다. 내 걱정거리를 털어놓고 다른 이들의 걱정거리를 듣다 보면 육아라는 게 원래 그렇다는 점을 깨닫고 죄책감을 내려놓게 된다. 아이를 기르며 저지른 실수나 사건 사고를 이야기할 때는 유머를 곁들이면 더 좋다.

어떤 말은 아이가 안 듣는 편이 낫다

매사에 완벽해야 한다는 완벽주의는 부모에게 불안감과 죄책감을 지울 뿐 아니라 아이에게도 악영향을 미친다. 임상심리학자인 우리는 완벽해야 한다는 메시지가 아이에게 악영향을 미치는 상황을 끊임없이 목격한다.

아이는 부모의 말을 듣고 실수를 두려워하는 마음을 흡수한다. 대개 그 통로는 어른들끼리 나누는 대화일 때가 많다. 아이들은 부모가 자신의 이야기를 하는 모습을 목격한다. 예컨대 일곱 살 새뮤얼은 엄마를 통해 자신의 축구 실력 이야기를 듣고, 아홉 살 에마는 부모님이 동생과 선생님 사이의 갈등을 두고 하는 이야기를 듣는다. 부모의 걱정거리와 근심거리를 전해 듣는 것이다. 또 부모가 아이를 기르면서 내린 선택과 관련해서 일상적으로 나누는 대화를 듣기도 한다.

"야구를 다섯 살 때부터 시킬걸 그랬어. 일곱 살에 시작했더니 다른 애들보다 처지잖아."

"2학년 때는 브라운 선생님 반에 배정되도록 편지를 보내야겠어. 존스 선생님한테 배우면 3학년에 가서 헤맬 테니까 말이야. 다른 애들보다 뒤처지게 둘 수는 없지."

아이들은 아직 부모의 이야기를 제대로 판단할 만큼 성숙하지 못했기 때문에 부모의 대화를 듣고는 그 내용을 곧이곧대로 내면화한다. '잘못된' 선택이 나쁜 결과로 이어질까 봐 걱정하는 부모의 두려움을 그대로 흡수하는 것이다. 그러고는 그 말을 실수가 모든 걸 앗아갈 수 있다는 뜻으로 받아들인다. 다섯 살 때 야구를 시작하지 않으면 결코 훌륭한 야구 선수가 되지 못할 것이고, 브라운 선생님 반에 들어가지 못하면 3학년이 될 준비를 제대로 하지 못할 거라고 생각하는 것이다.

이러면 아이들은 선택을 잘못 할까 봐, 마음이 바뀔까 봐 뭔가를 시작하거나 스스로 결정하기를 꺼리게 된다. 이렇게 아이를 제대로 '준비'시켜주고 싶은 부모의 생각은 결코 실수를 저지르면 안 된다는 메시지로 변질된다. 이런 상황에서는 아이가 자신의 생각을 분명하게 밝히지 못한다. 부모는 아이에게 동기가 부족하기 때문이라고 여길지 모르겠지만 사실 그것은 두려움 때문이다. 아이는 결정을 후회하게 될까 봐 두려운 것이다.

아홉 살 아들을 둔 한 엄마는 아들이 운동을 배우고 싶다고 했다가 막상 등록할 때가 다가오면 자꾸 마음을 바꿔서 어느 장단에 춤을 춰야 할지 모르겠다고 말했다. 그러다 학기가 시작되면 아이는 등록하지 않은 것을 후회한다. 이런 행동 패턴이 매 학기 반복된다.

또 다른 부모는 딸이 방과 후 활동과 관련해서 자주 마음을 바꾼다고 말했다. 한번은 학교 연극반에 들어가고 싶다더니 막상 등록일이 되자 망설이다가 포기했다. 그리고 며칠 후 후회했다. 아이는 학교 밴드에도 들어가고 싶어 했다. 밴드에 들어가려면 밴드 선생님 앞에서 오디션을 치러야 했다. 이번에도 확신이 없었던 아이는 오디션을 보지 않았고 곧 그 일을 후회했다. 아이는 아직까지도 끝까지 해보지 않은 게 아쉽다고 말한다.

이 두 아이는 뭔가를 시작하기로 결정하는 것을 두려워했다. 그리고 무엇이 '올바른' 선택인지 모르겠다고 말했다. 그래서 뭔가 새로운 것을 시도해보지 못하고 후회만 했다. 우리는 아이와 부모를 상담하면서 이런 상황을 자주 접한다.

중요한 결정과 관련해서 어른들이 주고받는 이야기를 아이가 듣지 않도록 조심해야 한다. 또 아이의 선생님이나 코치, 친구들에 대한 부정적인 이야기도 아이가 듣지 않도록 조심한다. 과거에 이런 선택을 했으면 어땠을까, 앞으로 이런 일이 생기면 어떻게 할까 등과 같은 온갖 가정도 아이가 들을 필요는 없다. 이런 말을 들은 아이는 다른 사람의 완벽하지 못한 면을 지적해도 괜찮다고 생각할지 모른다. 또 자신의 부족한 부분에 대해서도 불안한 마음을 품을 수 있다.

실수를 두려워하지 않는
아이로 키우려면

　아이의 자신감을 키우는 첫 단계는 바로 실수할 기회를 주는 것이다. 부모와 교사에게 물어보면 대체로 "사람이 하는 일인데 실수할 수 있죠. 실수 안 하는 사람이 어디 있나요"라고 말한다. 아이에게 들려주기에 더할 나위 없이 좋은 말이다. 하지만 아이들은 어른이 하는 말을 다 기억하거나 믿지는 않는다. 아이들은 어른의 말과 행동이 일치할 때 그 일을 잘 기억한다. 그러니까 아이에게 어른이 실수하고도 괜찮은 모습을 보여줘야 한다. 그러면 그런 어른을 보고 배운다. 그런 어른을 주변에서 보고 자라지 못한 아이는 뭐든 완벽하게 하지 않으면 실패할 수밖에 없다고 생각할 것이다.

누구나 실수를 한다. 부모는 아이 앞에서 실수를 인정하고 말뿐만 아니라 행동으로도 인간이 불완전하다는 사실을 보여주며 다른 사람의 실수도 받아들여야 한다. 상대에 대한 존중과 유머 감각을 곁들여 자기 실수를 인정하는 건 언제나 도움이 된다. 예를 들어 우리 집 아이들은 부모가 칠칠치 못하다는 걸 안다. 그래서 자신이 발을 헛디디거나 물건을 떨어뜨리면 "엄마, 이건 엄마 유전자예요"라고 말하고는 함께 웃는다. 이럴 수 있는 건 아이들 말이 사실이기도 하고 개인적인 약점을 유머로 승화시켰기 때문이다. 우리는 모두 약점이란 게 있다. 하지만 우리 아이들은 엄마가 정리와 계산을 잘하고 정말 좋은 친구라는 걸 안다. 약점으로 사람의 가치를 규정할 수는 없다. 약점은 그저 한 사람의 아주 작은 일부일 뿐이다.

스스로 실수를 바로잡을 기회를 주자

실수해도 괜찮다는 말은 아이들에게 실수를 바로잡을 기회를 주지 않는 한 의미가 없다. 문제를 스스로 해결하고 예상치 못한 결과에 대처하는 방법을 배우는 것은 굉장히 중요한 일이다.

그러려면 아이의 주위 어른들이 아이가 배우는 과정을 지켜봐 줘야 한다. 아이가 더듬거리며 힘든 상황을 헤쳐 나갈 때 부모가 얼른 달려가 돕고 싶은 마음을 억누르고 뒤로 물러선 채 지켜보기란 쉽지 않다. 어른이 아이의 문제에 개입해서 해결하는 것은 대체로 어른들의 조바심 때문이다. 때로 어른들은 아이가 스스로 상황에 대처하기 시작한 시점에도 아이가 혹시 잘못된 결정을 내릴까 싶어 개입한다. 하지만 어른의 문제 해결 방식은 언뜻 더 나은 것 같아도 아이의 연령이나 발달 단계에 적합하지 않을 수 있다.

아이의 문제가 잘 풀리면 부모 마음이야 좋겠지만, 아이 입장에서는 아이답게 문제를 해결하는 편이 더 좋지 않을까? 실제로 아이가 어른처럼 말하거나 어른이 떠올릴 만한 해결책을 제시하면 대개는 친구들로부터 따돌림을 당하거나 비웃음을 산다. 관련 사례를 하나 살펴보자.

열한 살 지미가 학교를 다녀오더니 친구들이 축구공을 자기에게 패스해주지 않았다며 속상해했다. 엄마는 지미에게 그렇게 하면 '내 마음이 상한다'고 친구들에게 알려주고 다음번엔 공을 더 많이 패스해달라고 부탁해보라고 조언했다. 친구 때문에 속상한 아이에게 그런 마음을 친구에게 알리라고 조언하는 부모가 얼마나 많은지! 하지만 임상심리학자인 우리는 열한 살짜리 아이가 그런 식으로 말하는 것은 발달 단계상 흔치 않고, 친구들도 대체로 그런 말에 좋은 반응을 보여주지 않는다고 자신 있게 말할 수 있다. 그럴 때는 해결책을 제시하는 대신 지미에게 어떻게 하면 상황이 더 나아질 거라 생각하는지, 다음엔 뭐라고 말할 건지, 친구라면 그 말에 어떻게 반응할지 물어보는 편이 더 나을 것이다.

해결책보다 '도움'을 요청하도록 격려하자

지금껏 아이에게 문제를 해결할 기회를 주는 것이 중요하다고 여러 차례 강조했다. 더불어 그 과정에서 아이가 명확하게 자기 의사를 표시하거나 자신감 있게 문제에 접근하거나 효과적으로 문제를 해결하지 못할 때도 많다는 점을 기억해야 한다. 부모 눈에는 아이가 답답해 보일 수 있다. 그래도 괜찮다. 아이는 발전하고 있으니까 말이다. 미적분을 배우려면 일단 기초 수학부터 다져야 하고, 기초 수학 역시 연습이 필요하다. 문제 해결도 마찬가지다. 아이가 기초부터 연습해볼 수 있어야 하고, 거기에는 자신의 실수나 선택의 결과를 감수하는 과정도 포함된다.

아이는 실수를 바로잡을 방법을 찾는 과정에서 누군가의 도움이 필요할 때가 많다. 그때 부모에게 해결책이 아니라 '도움'을 요청하도록 격려하자. 도움을 요청하는 것은 문제에 대처하는 굉장히 책임감 있는 행동이므로 격려해야 한다. 필요할 때 도움을 요청하는 능력은 나이를 불문하고 모든 사람이 갖춰야 할 훌륭한 자질이다. 도움을 요청할 줄 아는 것은 곧 그 사람이 성숙하고 문제 해결을 잘하며 사려 깊다는 점을 보여준다.

도움을 요청하는 것은 해결책이 그냥 주어지기를 기대하는 것과는 다르다. 그러므로 아이가 도움을 요청할 때는 아이가 여러 선택지를 평가하거나 자기 문제를 다른 각도에서 바라볼 수 있도록 도와주고 격려해주자. 부모로서 아이와 생각하는 과정을 함께 나누는 것은 굉장히 보람 있는 일이다. 가능하면 자주 동참하도록 하자.

한 엄마는 아이가 실수를 저지르면 오히려 그것을 '축하한다'고 말한다. 그 엄마는 아이에게 실수를 통해서 무엇을 배웠는지 묻는다. 그리고 아이가 실수를 통해 뭔가를 배웠고 실수를 반복하지 않을 방법을 생각해냈다면, 축하의 의미로 아이스크림을 사준다.

아이의 말에 귀를 기울이자

이처럼 아이가 문제를 들고 올 때 부모는 섣불리 해결책을 제시하지 말아야 한다. 아이의 마음을 달래주고 상황을 개선하고 싶은 마음이야 굴뚝같겠지만 그건 임시방편일 뿐이다. 부모는 일단 아이의 말에 귀를 기울여야 한다. 어떤 아이들은 상담을 하는 우리를 향해 부모에게 자기 문제를 털어놓지 않는 건 부모가 자기를 '이해하지 못하거나' 혹은 자기 말에 '귀를 기울이지 않아서'라고 말하곤 한다. 그러니 아이가 문제를 들고 올 때 먼저 아이의 이야기에 귀를 기울이자. 다음은 경청을 잘하기 위한 요령이다.

첫째, 일단 말하지 말고 듣는다. 아이와 눈을 맞추고 아이의 이야기에 집중한다. 질문은 나중에 해도 된다.

둘째, 빨리 말하라고 채근하지 말고 인내심 있게 끝까지 듣는다.

셋째, 고개를 끄덕이는 등의 몸짓을 통해 이야기를 듣고 있음을 드러낸다. 핸드폰은 내려놓고 그 밖에 주의를 분산시킬 만한 것을 치워둔다.

넷째, 아이가 얘기한 것뿐 아니라 얘기하지 않은 것에도 주의를 기울인다. 아이의 몸짓이 단서가 될 수 있다. 아이가 말을 빨리 하는가? 팔짱을 끼고 있는가? 땅바닥을 보고 있는가? 뭔가 빼놓고 말하지는 않았는가?

다섯째, 필요하다면 문제를 정확히 파악하기 위해 몇 가지 기본적인 질문을 한다.

아이가 이야기를 마치면 격려해주자. 예를 들어 "얘기해줘서 고마워. 요즘 이런저런 일이 많은 것 같네. 엄마 아빠가 도와줄 일이 있으면 언제든 얘기해줘"라고 말해준다.

성공하는 아이는 넘어지며 자란다

아이를 혼자 두기가 불안한가

체육센터에서 우연히 만난 친구와 동갑내기 아들들에 관해 이 야기를 나눴다. 친구는 "우리 애가 집에서 네 블록 떨어진 체육센터 까지 혼자 자전거로 수영 강습을 받으러 다니고 싶다는데 나는 마 뜩잖네"라고 말했다. 뭐가 마뜩잖냐고 묻자 친구는 '무슨 일'이 일어 날지 모르지 않냐고 답했다. 그래서 이번엔 무슨 일을 말하는 거냐 고 묻자 딱 짚어서 무슨 일이 일어날지는 알 수가 없단다. 이것이 바 로 상황을 매번 예측하거나 통제할 수 없다는 이유로 아이의 자유 를 제한하는 부모의 전형적인 모습이다.

아이를 혼자 두기가 불안하다는 말을 훌륭한 부모들로부터도 자주 듣는다. 부모들은 세상이 위험한 곳이고 아이에게 나쁜 일이 생길지도 모른다고 말한다. 하지만 아이가 항상 부모의 시선 안에 있다면 어떻게 스스로 결정을 내릴 수 있을까? 부모의 이런 행동 양상이 지나치면 흔히 '헬리콥터 양육'이라고 불리며, 이는 곧 아이를 과잉 통제하고 과보호하는 것을 의미한다.[1] 여기서 더 나아가 아이가 예상치 못한 문제나 불쾌한 일을 겪지 않도록 아이의 앞길에 방해되는 모든 장애물을 치워버리는 '제설차 부모'도 등장했다.[2] 이처럼 부모가 아이의 삶에 지나치게 개입하면 아이가 스스로 문제를 해결해볼 기회는 당연히 줄어든다.

등하굣길이 아이에게 주는 기회

오늘날 아이들은 지난 세대에 비해서 혼자 걸어서 등하교하는 경우가 훨씬 적다. 또 근처 슈퍼마켓에 자전거를 타고 간식을 사러 가거나 부모 없이 아이들끼리 공원에서 노는 경우도 줄었다. 미국 등하교안전부의 보고에 따르면 1969년 도보나 자전거로 등하교하는 학생의 비율은 거의 50퍼센트에 육박했지만 오늘날에는 13퍼센트까지 떨어졌다.[3] 요즘 부모들은 자녀가 도보나 자전거로 등하교하지 못하게 하는 주요 원인으로 범죄와 더불어 교통과 날씨를 지목했다. 물론 안전상의 문제를 판단하는 것은 부모의 몫이지만, 아이가 홀로 등하교를 하지 못해서 놓치는 기회가 있다는 점을 알아야 한다.

아이들은 유아기 때부터 주로 경험을 통해 배운다. 자신의 행동에 따르는 결과가 긍정적인 것이든 부정적인 것이든 직접 체험하면서 배워 나가는 것이다. 식사를 거르면 간식거리를 먹지 못한다. 다른 아이가 갖고 노는 장난감을 빼앗으면 벌을 받는다. 또래와 협동을 잘하면 친구가 생긴다. 이런 과정을 아이는 어려서부터 꼭 겪어 봐야 한다.

경험을 통해 배우는 기회는 아이가 커갈수록 더 많이 주어져야 하지만 지금은 상황이 그렇지 못하다. 아이가 스스로 걸어서 학교에 간다면 날마다 문제를 해결해볼 기회가 얼마나 많이 주어질지 생각해보자. 부모는 아이에게 스스로 걷는 자유를 주면서 아이가 그것에 걸맞은 책임감을 기르기를 바라고 약속 시간까지 돌아오기를 기대한다.

약속 시간보다 늦으면 그날부터 한 달간은 혼자 걸어서 하교하지 않기로 약속했다고 해보자. 집으로 돌아오는 길, 아이는 친구들이 술래잡기하는 모습을 보고 같이 놀고 싶어진다. 아이에게 스스로 판단하고 결정을 내리는 연습 기회가 주어진 것이다. 약속 시간까지 집에 도착하지 못하면 한 달간 혼자 하교할 수 없으니 친구들과 놀지 말고 그냥 집으로 갈까? 아니면 술래잡기를 하고 그냥 집에 늦게 갈까? 그것도 아니면 몇 분만 술래잡기를 하고 집까지 달려서 늦지 않게 가볼까? 아이는 여러 가지 선택지를 고민해 판단하고 결정을 내려야 한다.

아이는 실수로 너무 늦게까지 놀다가 스스로 걸어서 하교하는 특권을 잃을지 모른다. 그래도 행동의 결과를 직접 경험한 아이는 자신이 현명하게 판단했는지 아닌지를 배운다. 그리고 앞으로 결정을 내릴 때 그 경험을 참고한다. 하지만 요즘 아이들에게는 혼자 걸어서 등하교하기, 친구와의 놀이 시간 계획하기, 자기 몫의 집안일 하기 등 직접 판단하고 결정을 내려볼 기회가 별로 없다.

발달 단계상 초등학생 아이는 자신이 내린 결정에 책임을 지고 그 결정에 따르는 긍정적이거나 부정적인 결과로부터 교훈을 얻을 수 있다. 초등학교에 입학한 아이가 더욱 독립적으로 생활하기를 바라는 것은 매우 바람직한 일이다. 이 시기 아이들의 뇌는 늘어난 책임을 감당하고 결정을 내릴 준비가 되어 있기 때문이다. 따라서 아이가 혼자 시간을 보내면서 스스로 결정할 기회를 주지 않으면 성인이 되어 독립해 살아갈 때 꼭 필요한 삶의 기술을 습득하지 못하게 된다.

아이 혼자 등하교하기 어렵다면

아이가 혼자 도보로 등하교하기 어려운 상황이라면, 수업이 끝나고 아이를 데리러 가기 전에 학교 운동장에서 10~15분이라도 놀 수 있게 해준다. 아이를 데려다줄 때 학교에서 한두 블록 떨어진 곳에 내려줘서 등교하는 다른 학생들이나 부모들과 함께 걸어가도록 하는 것도 대안이 될 수 있다. 또 몇몇 아이가 만날 장소를 미리 약속해놓고 아이들끼리 함께 걸어가게 하는 것도 방법이다.

이런 선택지를 다양하게 활용할 수 있으면 더 좋다. 그 과정에서 생기는 불편한 상황은 아이가 직접 계획하고 결정하는 법을 배우며 인내심을 기르는 기회로 삼을 수 있다(지각할지 모르는 상황에서 아이가 문제 해결 능력을 얼마나 많이 키울 수 있을지 생각해보자!). 이런 기회가 매일같이 필요한 건 아니다. 일주일에 한두 번만으로도 효과가 있다. 이번 달은 정신없이 바쁘다면 건너뛰고 다음 달에 다시 시작해도 좋다. 가족의 상황과 일정에 맞게 실천해보자.

집집마다 사정이 다르기 때문에 아이에게 적절하고 안전한 방법이 무엇일지는 부모 각자가 결정해야 하지만, 아이들이 살면서 꼭 터득해야 하는 삶의 기술을 습득할 기회를 놓치고 있다는 점은 분명히 기억해둬야 한다. 아이들의 안전은 무엇보다 중요하기 때문에 우리는 이 이야기가 시대의 흐름을 바꾸지 못하리라는 것을 안다. 하지만 안전상의 이유로 아이의 발달에 필요한 기회가 사라지고 있음을 깨닫고 잃어버린 기회를 만회할 방법을 찾을 수는 있다. 아이가 혼자 등하교할 수 없는 상황이라면 아이 스스로 결정을 내려볼 다른 기회를 찾아야 한다. 다음은 아이의 독립성을 높이기 위한 활동이다.

- 친구 집까지 자전거를 타고 가서 도착하면 전화하기

- 식당에 돈을 가져가서 음식을 주문하고 값을 지불하기

- 달리기를 하거나 산책할 때 부모보다 앞서가기

- 식사와 간식을 스스로 준비하기

- 혼자 개 산책시키기

- 혼자 혹은 친구와 어울려 노는 시간을 스스로 계획하기

- 스스로 전화를 걸어서 일정을 잡거나 과제를 받거나 질문하기

성공하는 아이는 넘어지며 자란다

부모의 역할에는 적정선이 있다

우리가 상담실에서 만나는 부모는 대개 따뜻하고 성실하며 사려 깊다. 이들은 아이가 나쁜 일을 겪지 않도록 지켜주고 아이가 행복하도록 모든 지원을 아끼지 않는다. 부모로서 참 훌륭한 자질이다. 그런데 문제는 적정선을 지키는 것이다. 특히 아이의 일과는 어느 정도면 적당하고, 어느 정도면 지나친지 알아차리기가 쉽지 않다.

대다수 부모는 아이의 일정이 너무 꽉 차 있다는 걸 알면서도 아이의 뒷바라지를 잘 해줘야 한다는 압박감에 무엇 하나도 놓지 못한다. 앞서 보았듯 부모가 되면 모든 것을 제대로 해내야 한다는 압박감을 느낀다. 내 아이가 뒤처지면 안 된다는 마음과 넘쳐나는 교육 프로그램 때문에 부모는 아이에게 이것도 시키고 저것도 시키고 픈 유혹에 빠지기 쉽다.

과도한 일정이 아이에게 미치는 영향

경험한 바에 따르면 과도한 일정에는 크게 두 가지 결과가 뒤따른다. 먼저, 아이들이 너무 피곤해서 쉬고 싶다는 이야기를 자주 한다. 이런 아이들은 우리 상담실에 와서 해야 할 일이 너무 많아 한가하게 보낼 시간이 전혀 없다고 불평하곤 한다. 어쩌다 잠깐 쉬려고 하면 엄마 아빠가 숙제는 없냐고 묻는다든가, 쉬지 말고 문제집을 풀든지 운동을 하라고 말한다는 것이다. 그러면 아이는 죄책감을 느끼거나 방어적으로 대응하면서 마음 편히 쉬지 못한다.

과도한 일정에 뒤따르는 또 다른 결과는 바로 아이들이 스스로 시간을 보낼 줄 모르고 자기 일과를 부모가 관리해줄 거라 기대한다는 점이다. 아무 계획이 없는 날이면 아이들은 부모에게 뭘 해야 하냐고 자꾸 묻는다. 아이들은 지루하다고 불평하며 혼자 알아서 즐겁게 시간을 보낼 방법을 찾지 못한다. 이런 아이들의 부모는 아이가 늘 부모의 관심을 요구한다고 말한다.

물론 휴식 시간을 별로 좋아하지 않는 아이들도 있다. 이런 아이들은 하루 종일 일정을 꽉 채워서 바쁘게 지내는 쪽을 선호한다. 아이가 스스로 일정을 채운다면 그건 문제 될 게 없다. 하지만 부모에게 의존해서 일정을 채우는 건 바람직하지 않다. 아이들에게는 딱히 할 일이 없는 시간이 꼭 필요하고 그런 시간을 갖는 게 정말 소중한데, 부모들은 그걸 깨닫지 못할 때가 많다. 부모가 아이의 일정을 정해주면, 아이는 일정을 계획하고 문제를 해결하며 시간을 관리하고 각 활동의 우선순위를 결정할 필요가 없다.

일과를 알아서 관리하게 하자

어른들이 늘 동행하며 아이가 참여하는 활동을 이끌어주면, 아이가 시간 관리에 실패해볼 기회도 사라지고 그럴 때 문제를 해결해보거나 실수를 통해 교훈을 얻을 기회도 사라진다. 아이는 스스로 시간을 관리하면서 계획이 갑자기 바뀌는 상황을 받아들이는 법도 배우는데, 이 또한 매우 값진 경험이다. 여가 시간이 생기면 아이는 그 시간에 뭘 하고 싶은지 나름대로 생각하지만, 생각대로 시간이 흘러가는 경우는 별로 없다. 이럴 때 아이는 유연성과 문제 해결력, 인내심을 기른다. 하지만 일과가 꽉 찬 아이들은 이처럼 소중한 기회를 잃는다.

임상심리학자로서 우리는 운동 경기를 더 뛰어보지 못해서, 음악 작품을 충분히 배워두지 못해서, 혹은 외국어를 충분히 배워놓지 못해서 힘들어하는 젊은이를 만나본 적이 없다. 하지만 예상치 못한 어려움을 이겨내는 법이나 자신과 견해가 다른 사람과 소통하는 법을 배우지 못했거나 문제를 해결할 자신감을 키우지 못해서 힘들어하는 젊은이들은 많이 만나봤다. 부모들은 성인으로 자란 아이가 도대체 무엇 때문에 책임감을 갖고 독립적으로 삶을 이끌어가지 못하는지 궁금해했다. 이유는 간단하다. 그 아이들은 독립적으로 살아가는 데 필요한 삶의 기술을 배우지 못한 것이다.

부모가 과정을 봐줘야 하는 이유

오늘날 부모들은 점점 문제의 해결 과정이 아니라 결과만을 강조한다. 부모들은 아이에게 실수해도 괜찮다고 말하면서 아이가 실수하지 않도록 보호한다. 또 노력이 중요하며 여러 가지를 시도해보고 결정해도 된다고 말해놓고는 이러저러한 과외 활동만큼은 '꼭 해야 한다'고 말하기도 한다. 대다수 부모가 아이의 실력과 상관없이 아이가 즐겨 하는 활동이나 새로 시도해보고 싶어 하는 활동을 하도록 기꺼이 지원해주려 한다. 하지만 우리 사회는 아이들의 객관적인 성취를 강조한다. 그래서 아이들은 반에서 책을 가장 잘 읽거나 성적이 가장 좋은 친구, 혹은 명문 대학이나 명문 구단에 들어간 친구를 칭찬하는 말을 듣는다.

평균 성적이나 독해력 등급, 올스타전 출전과 같은 객관적인 지표를 들먹이는 말은 결과에만 초점을 맞춘다. 그 말에는 목표에 도달하기까지의 과정이라든가 그 과정에서 실수를 극복한 일에 대한 칭찬이나 격려는 쏙 빠져 있다. 또 목표를 달성하기 위해 필요한 의사 결정 능력이나 문제 해결 능력에 대한 언급도 빠져 있다. 부모들은 머릿속으로는 과정이 좋아야 한다고 생각하면서도 실제 언행은 결과 중심적일 때가 많다. 그러면 결국 아이들은 결과가 중요하다는 메시지를 전해 듣는다. 목표를 향해 나아가는 과정이 중요한 까닭은 그 과정에서 아이가 자신감 있고 독립적이며 사려 깊은 성인으로 자라는 데 필요한 삶의 기술을 습득하기 때문이다. 부모라면 이 사실을 명심해야 한다. 아이에게는 목표를 달성하는 것 못지않게 목표를 향해 나아가는 과정에서 저지른 실수를 바로잡는 방법을 배우는 게 중요하다.

아이가 실수할까 봐
불안한 부모에게

현재 상황

부모는 아이를 기르는 과정에서 매사에 완벽해야 한다는 압박감을 느끼며, 그러려면 아이가 최대한 많은 기회를 누리도록 해야 한다고 생각한다. 그리고 그렇게 하지 못하면 자신이 부모로서 최선을 다하지 못했다고 느낀다.

잠깐 생각해보기

부모는 아이가 어릴 때부터 부모로서 늘 완벽해야 한다는 압박감을 느낀다. 그래서 아이가 실수하면 부모가 나서서 바로잡고, 아이가 위험한 행동을 하다가 실수하지 않도록 보호하고, 일과를 꽉 채워 실수할 시간이 없게 한다.

조언

아이를 키우는 부모의 최종 목표는 아이를 자신감 있고 독립적이며 스스로 문제를 해결할 줄 아는 성인으로 길러내는 것이다. 따라서 아이가 실수를 저지르면 그것이 배움의 기회이며 실수를 통해 아이가 성장할 거라고 믿고 기뻐하자. 부모로서 다음의 태도를 유념하고 실천해보면 좋겠다.

1. 아이가 겪는 문제를 배움의 기회로 바라본다. 문제를 해결해볼 기회가 많을수록 아이의 문제 해결 능력이 발달한다는 점을 기억하자.

2. 사람의 강점과 약점은 그 사람의 일부분일 뿐이라는 점을 아이에게 가르쳐준다. 누구나 나름대로 어려움을 겪는 부분이 있으므로 각자 어려움을 극복하는 과정을 칭찬해줘야 한다.

3. 아이의 일과를 너무 꽉 채우지 않는다. 아이가 자유 시간을 알아서 책임지고 관리하게끔 하자. 아이들은 시간을 어떻게 보낼지 계획하고 우선순위를 정하는 연습을 해야 한다.

4. 목표를 달성해 나가는 과정을 결과만큼이나 중요하게 여기고 칭찬해준다. 다음은 과정을 칭찬하는 몇 가지 예시다.

   "그렇게 열심히 공부하더니 우등반 추천을 받았네. 엄마 아빠는 네가 정말 자랑스러워."

   "너는 연습하고 경기하는 걸 정말 즐기는구나. 네가 좋아하는 일을 그렇게 열심히 하다니 멋져."

   "수업 내용이 어려울 텐데, 정말 진득하게 앉아서 공부하는구나."

   "성적을 어떻게 올릴 수 있을지 선생님과 상담하는 모습을 보니 네가 스스로 노력하는 것 같아서 엄마 아빠는 정말 감동했어."

Teaching Kids to Think

2부

발달 단계를 알면
부모의 역할이 보인다

3장

우리 아이의 발달 단계를
이해하자

아이에 대한 기대치,
과연 적절할까?

    한 엄마가 아이를 데리고 ADHD 평가를 받으러 와서 상담을 진행했다. 엄마는 아들이 학교 숙제나 방 정리를 스스로 할 줄 모른다고 걱정했다. 그리고 설문 문항에 이렇게 답했다. "아이 스스로 제할 일을 하게 하려면 옆에서 계속해서 얘기를 해줘야 해요. 혼자 할수 있는 일인데도 도와주기를 바라거든요. 아이가 뭔가를 해냈다면그건 전부 누군가가 시켜서 그렇게 한 거예요." 마지막에는 이런 말도 덧붙였다. "아이가 자기주도학습을 하도록 어떻게 이끌어줘야할지 모르겠어요." 부모로서 충분히 걱정할 만한 문제지만 이 아이는 이제 막 1학년에 입학한 상태였다.

우리 상담가들은 아이를 훌륭히 키우고자 뒷바라지에 선뜻 나서는 부모를 만나면 기쁘다. 하지만 때로는 아이에게 기대할 수 있는 수준이 어느 정도인지를 일깨워줘야 할 때가 있다. 부모 중에는 자기 자녀가 또래 아이보다 사려 깊고 성숙하기를 바라는 사람이 있기 때문이다. 이 1학년 아이는 할 줄 아는 게 아주 많지만, 고작 1학년인 아이에게 전력을 다해 최선의 노력을 기울이거나 주위의 도움 없이 자발적으로 제 할 일을 해내기를 기대하기는 어렵다.

이런 사례가 드물다고 말할 수 있다면 좋겠지만 현실은 그렇지 못하다. 자녀가 유리한 고지에 오르도록 뒷바라지해야 한다는 사회적 압박을 받는 요즘 부모들은 자녀 또래의 다른 아이들이 일반적으로 어떻게 행동하는지 알지 못할 때가 많다.

대다수 부모는 아이에 대한 자신의 기대치가 적절한지 아니면 지나치게 높은지 확신하지 못한다. 그리고 확신이 없을 때는 아이가 또래보다 뒤처질 위험을 감수하기보다는 앞서 나가도록 떠미는 편이 안전하다고 느낀다. 이런 이유로 부모는 아이를 지나치게 빨리 밀어붙이는 함정에 빠지기 십상이다. 이번 장에서는 아이들의 발달 단계에 대해 살펴본 후 이를 통해 부모가 아이에 대한 기대치를 적절히 조절하도록 도우려 한다.

여러 발달 단계 이론에 따르면 아동의 발달은 서로 구별되는 단계로 이뤄진다. 아이는 각 발달 단계를 거치며 이전 단계에서 배우지 못한 특정 기술을 배운다. 심리학자들은 수십 년간 아동의 발달 단계를 연구해왔고 그 과정에서 몇몇 유력한 심리학자가 자신의 이론을 내놓았다. 존 볼비, 지그문트 프로이트, 에이브러햄 매슬로, 에릭 에릭슨, 마거릿 말러, 장 피아제와 같은 심리학계의 슈퍼스타들은 상당한 시간을 들여 자기 나름의 이론을 선보였다. 각 이론은 저마다 관점이 다르지만 아동의 발달이 예측 가능한 순서로 일어난다는 점에 있어서는 한목소리를 내고 있다.

발달 단계 이론은 우리 심리학자들이 아동이나 아동의 가족과 상담을 진행할 때 여러모로 유용한 길잡이가 되어준다. 아이의 연령에 따라 무엇을 기대할 수 있는지, 아이가 발달 단계상 준비가 되었는지를 이해하는 것이 가장 중요하기 때문이다. 심리학자들은 사회적, 정서적, 인지적, 학습적, 신체적 영역에서 아이가 현재 어느 단계까지 발달했는지를 고려해서 각 아이의 수준에 맞는 개입 방안을 제안한다. 이때 개입 방안은 아이의 연령대에서 '일반적으로' 나타나는 발달 수준을 기준으로 삼을 때도 있고 또래에 비해 발달이 느린 특정 기술의 개발을 목표로 삼을 때도 있다. 어느 경우든 아이가 그 개입을 받아들일 준비가 되어 있어야 효과가 나타난다.

주요 발달 단계 이론은 대부분 아동기뿐만 아니라 생애 전반을 다룬다. 오늘날 아동 및 청소년의 발달과 관련해 가장 잘 알려져 있고 관련 연구가 충분히 이뤄진 세 가지 이론을 살펴보자.

사회성 발달 단계: 에릭슨의 이론

에릭 에릭슨의 심리사회적 발달 이론은 아동심리학에서 가장 널리 인정받는 이론 중 하나다. 이 이론은 아동과 청소년이 각 발달 단계에서 경험하는 사회적 위기를 중점적으로 다룬다.[1] 아이는 위기를 경험하고 위기 상황에서 어떻게 행동할지를 깨달으며 성장하고 성숙한다.[2]

여기서 핵심은, 모든 이론에서 동의하듯 아이가 먼저 위기를 '경험해야' 한다는 것이다. 예컨대 아이는 난생처음 아이 돌보미와 시간을 보내거나 입학 첫날 누구와 점심을 먹을지를 결정해봐야 한다. 이런 경험은 불안감을 불러일으켜 연습이 더 필요하다고 느낄 수도 있고, 반면에 그 경험이 좋았다고 느낄 수도 있다.

위기 대처 능력은 단번에 습득되는 것이 아니라 수년에 걸쳐 발달한다. 아이들은 뭔가를 시도하고 실패하고 다음번에 시도할 다른 방법을 고안해낸다. 아이의 자신감과 삶을 대하는 자세는 각 발달 단계에서 닥쳐오는 위기를 경험하고 극복하는 능력에 달려 있다. 위기 상황 속에서 긍정적인 경험을 하고 무언가를 배운 아이는 자기 능력에 자신감을 갖고 다음 단계로 나아간다. 한편 위기를 극복하는 방법을 제대로 익히지 못한 아이는 자신감이 부족하거나 사회적 관계 속에서 자기 역할을 잘못 이해한 채로 다음 단계로 이행한다. 이런 경우 신체는 또래 아이들과 똑같이 성장하더라도 사회적으로나 정서적으로는 또래보다 낮은 단계에 머물 수 있다.

다음 내용은 에릭슨의 심리사회적 발달 단계를 간단하게 정리한 것이다. 대다수 아이는 이 발달 단계를 거치며 자연스럽게 성장한다.

1. 영아기

에릭슨이 제안한 첫 번째 발달 단계는 영아기다. 이 단계는 일반적으로 생후 8개월까지 지속된다. 이 단계에서 맞닥뜨리는 기본 갈등은 '신뢰 대 불신'이다. 근원적인 단계인 영아기는 기본 욕구를 중심으로 돌아간다. 아기는 음식과 돌봄, 애정을 얻기 위해 양육자에게 전적으로 의존한다. 양육자가 믿음직한 태도를 보이면 아이는 신뢰를 형성하지만, 양육자가 비일관적이거나 냉담한 태도를 보이면 아이는 불신을 키워간다. 이 단계에서 긍정적인 경험을 한 아이는 나이가 들면서 타인을 신뢰하게 된다.

2. 걸음마기

두 번째 발달 단계는 걸음마기로 일반적으로 생후 8개월부터 3세까지 이어진다. 이 단계에서 기본 갈등은 '자율성 대 수치심과 의심'이다. 아이는 자신의 신체와 환경을 스스로 통제하면서 자율성을 기르려고 애쓴다. 걸음마기에는 일반적으로 배변 훈련이 이뤄지는데, 배변 훈련은 아이가 자기 몸을 통제하고 자율성을 행사하려는 특성을 전형적으로 보여주는 예다.

부모는 아이가 자율성을 획득하려고 기를 쓰는 모습을 매일같이 목격하게 될 것이다. 예컨대 아이는 갑자기 특정 음식을 먹지 않기로 하거나 낮잠을 거부하기 시작한다. 또 부모에게 안기지 않고 계단을 오르려 하거나 혼자 힘으로 카시트에 앉으려 한다. 아이가 스스로 뭔가를 하려 들지 않거나 주위에서 아이가 스스로 하지 못하도록 막으면 아이는 자신에게는 자율적이고 독립적으로 뭔가를 해낼 능력이 없다고 생각하고 수치심을 느낀다.

물론 세 살배기가 모든 걸 스스로 하게끔 내버려두기는 어렵다. 아이를 위해 부모가 뭔가를 해주는 건 정상이고 이 단계의 발달에 부정적인 영향을 미치지 않는다. 단지 부모가 아이 스스로 할 수 있는 일까지도 거의 대부분 처리해주면서 아이에게 자율성을 키울 기회를 주지 않을 때 문제가 발생한다.

3. 유아기

세 번째 발달 단계는 일반적으로 3세에서 5~6세까지 지속된다. 유아기 아이가 겪는 기본 갈등은 '주도성 대 죄책감'이다. 이 단계의 아이들은 새로운 것을 탐색하려는 욕구와 독립심을 키운다.

아이들은 주위에 있는 사물을 조작하면서 환경을 통제하려 들기 시작한다. 아이들이 놀이하는 모습을 보면 주도성이 발달할 기회가 있음을 알 수 있다. 놀이를 할 때 아이가 놀이를 주도하는가 아니면 다른 아이가 결정하기를 기다리는가? 아이가 장난감을 친구와 공유하는가 아니면 다른 친구들이 갖고 놀 수 없는 곳으로 가져가는가? 이 시기에 아이들은 점점 더 자기주장이 강해지고, 소극적으로 어떤 일이 일어나기를 기다리기보다는 주도적으로 활동하기 시작한다.

상황을 주도하려는 시도가 성공을 거두면 아이는 성취감과 자신감을 느끼지만, 자기주장이 너무 강하거나 약한 탓에 주위 사람들에게 받아들여지지 않을 때는 죄책감을 느낀다. 아이들은 대개 다른 사람들이 왜 자기 의견을 따르지 않는지 그 이유를 이해하지 못하지만, 상황을 주도하려는 시도가 실패로 돌아가면 속이 상하고 죄책감을 느낀다. 아이는 연습을 통해 주도적으로 상황을 이끌어가는 법을 배운다.

앞서 살펴봤듯이 오늘날 아이들 세대는 부모가 아이의 놀이에 지나치게 개입하는 탓에 주도성을 기르기가 어렵다. 요즘 부모들은 아이의 주위를 맴돌며 놀이를 이끌어주고 문제를 해결하는 법을 가르쳐주며 아이가 하고 싶은 말을 대신 해주기까지 한다. 이렇게 부모가 지나치게 개입하거나 아이의 주위를 '맴돌면' 아이는 스스로 어려움을 극복하면서 학습할 능력을 키우지 못한다. 그러면 아이는 유아기에 주도적으로 새로운 것을 시도해보는 자신감을 기르지 못하고 다음 단계로 이행하게 된다.

4. 학령기

네 번째 발달 단계는 6세에서 12세까지 이어진다. 이 단계의 기본 갈등은 '근면성 대 열등감'으로, 이 단계에서 가장 중요한 위기와 기회는 모두 학교를 무대로 등장한다. 이 단계에서 아이는 학업이라는 새로운 과업을 맞닥뜨릴 뿐 아니라 예전보다 훨씬 많은 아이들과 함께 생활하면서 사회적으로 더 많은 요구를 받는다.

이 초기 학령기 동안 아이들은 교실(구조화된 환경)과 운동장(비구조화된 환경)에서 친구를 사귀고 친구와 사이좋게 지내는 법을 배운다. 여기서 성공한 아이는 목적의식과 자부심을 느끼는 반면 실패한 아이는 열등감을 느낀다. 친구가 많은 아이는 예전에 친구를 사귀어본 경험이 많기 때문에 새로운 사회적 상황을 비교적 편안하게 받아들이는 반면 그런 경험이 없는 아이는 불안해하는 경향이 있다.

아이도 어른처럼 사회적 갈등을 경험한다. 그러면서 대인관계의 복잡다단한 역동을 배운다. 아이는 학령기를 거치며 사회적 기술을 서서히 습득하는데, 그 과정에서 실수를 저지르기 마련이다. 만약 실수할 기회가 주어지지 않으면 아이는 사회적 기술을 발달시키지 못한다. 하지만 부모 입장에서는 아이가 또래 사이에서 갈등을 겪는 모습을 그냥 지켜보기가 너무 힘들기 때문에 갈등 상황에 개입해서 아이를 구해주고픈 유혹을 강하게 느낀다.

5. 청소년기

에릭슨은 다섯 번째 발달 단계를 12세에서 18세까지로 보았지만, 오늘날에는 실제 뇌 발달을 고려해서 청소년기가 이십 대 초반까지 지속된다고 본다. 청소년기의 기본 갈등은 '정체성 대 역할 혼란'이며, 이 단계에서는 또래 관계와 자아의식이 중요하다.

청소년기 아이들은 관심과 호기심을 끄는 외모나 행동 양식을 실험해보기도 한다. 이 시기에는 자기 나름의 패션 감각과 음악 취향, 세계관을 키워 나가는 게 정상이다. 그리고 그것에 대한 다른 사람들의 반응을 보고 그 반응에 어떻게 대응할지 결정한다. 우리도 청소년기에 얼마나 많은 '정체성'을 시도했는지 떠올려보자.

청소년은 자신의 정체성에 확신이 설 때도 있고 혼란스러울 때도 있을 것이다. 이 단계에서 목표는 자신만의 정체성을 발달시키는 것이기 때문에 아이의 정체성이 부모의 바람과 정확히 일치할 가능성은 낮다. 하지만 부모가 기대하는 모습과 상관없이 자기 나름대로 정체성을 확립하는 것이 아이가 건강하게 발달하는 길이라는 건 틀림이 없다. 청소년기에 정체성을 건강하게 확립하면 자기 자신의 모습을 진실하게 받아들이며 사는 반면 정체성 확립에 실패하면 혼란에 빠지고 자아의식이 약해진다.

자아정체성과 세계관은 성인이 된 이후에도 계속해서 바뀔 수 있다. 따라서 십 대에서 이십 대로 진입하는 시기에 자신이 누군지 정확히 알아야만 이 단계를 성공적으로 보냈다고 볼 수는 없다. 중요한 것은 아이들이 자신감을 가지고 청소년기를 떠나보낼 수 있도록 핵심 가치와 신념을 확립하는 일이다.

아이의 사회성 발달 고려하기

한 부부가 아들이 학교 친구들 중에 욕하는 친구가 많다고 얘기했다면서 염려가 되어 상담실을 찾아왔다. 부부는 아이에게 욕하는 친구들과 어울리지 말고 하교 후에도 같이 놀지 않는 게 좋겠다고 말해주었다고 했다. 우리는 부부에게 두 가지를 알려줬다. 하나는 그 또래 아이들이 시험 삼아 욕을 해보는 게 일반적인 행동이라는 것이고, 또 하나는 아이가 친구들이 욕하는 상황을 회피하거나 혼자 고민하지 않고 부모에게 말한 것은 아주 좋은 일이라는 것이었다.

이제 부부는 아들과 함께 아이들이 욕을 하는 이유가 뭔지, 왜 어른들은 아이들이 욕을 하지 않기를 바라는지, 아들은 앞으로 어떻게 할 건지 이야기를 나눌 수 있다. 만약 아들이 자기도 욕을 하기로 결정하고 주위에 어른들이 있을 때 욕을 하면 그 행동에 따르는 결과를 경험하게 되겠지만, 이 아이가 부모와 문제를 의논하면서 그 결과를 겪어보지 않고 미리 깨달을 수 있으면 금상첨화일 것이다. 이는 굉장한 배움의 기회다.

부모가 '부적절하다'고 생각하는 경험을 우리 아이만 피해 가길 바라는 것은 헛된 희망이며 아이의 성장에도 도움이 되지 않는다. 다시 한번 강조하지만, 심리사회적으로 건강한 발달을 위한 가장 중요하고 일관된 요인은 바로 아이들이 발달 단계마다 위기를 직접 '경험해야 한다'는 것이다. 부모 입장에서는 아이가 힘들어하는 모습을 지켜보기가 어렵겠지만, 아이를 구해주거나 과잉보호하거나 문제를 대신 해결해주고픈 유혹을 물리쳐야 한다.

사회성 발달을 돕는 양육법

에릭슨에 따르면 아이가 자신감을 기르고 자신의 정체성을 발달시키려면 일련의 사회적 과제를 통과해야 한다.

- **영아기:** 영아기 아기의 발달 과제는 양육자와 애착을 형성하는 것이다. 이 단계에서 부모는 아이를 사랑으로 보살피며 곁을 지켜줘야 한다. 부모와의 안정적인 애착 관계는 아이가 평생 맺는 관계의 단단한 초석이 된다.
- **유아기:** 유아기 아이의 발달 과제는 부모와 떨어져 있어도 괜찮다는 점을 배우는

성공하는 아이는 넘어지며 자란다

것이다. 부모는 아이가 부모와 떨어질 때 격려해주고, 돌아왔을 때 아이가 얼마나 자랑스러운지 표현한다. 긍정적인 경험은 자신감을 높여준다.

● **학령기:** 학령기 아이가 완수해야 할 발달 과제는 친구를 사귀고 친구 관계를 유지하는 것이다. 부모는 아이가 학교 운동장처럼 안전하고 근처에 믿을 만한 어른이 있는 곳에서 부모 없이 노는 연습을 하게 해줘야 한다. 아이가 또래 관계에서 어려움을 겪더라도(아이들이 정정당당하게 놀이를 하지 않거나 우리 아이를 따돌리더라도) 아이의 안전이 염려되지 않는 한 아이의 문제에 직접 개입해서 학교 관계자와 이야기를 나누는 것은 금물이다. 그러기보다는 집에서 아이와 그 문제를 얘기해보고 다음 날 학교에서 어떻게 행동할지를 친한 친구나 형제자매와 연습해보는 게 도움이 된다.

● **청소년기:** 청소년기의 발달 과제는 자아정체성을 형성하는 것이다. 부모는 청소년기 아이가 갖가지 헤어 스타일이나 옷차림, 세계관을 시도해보리라 예상해야 한다. 부모가 이 과정을 이해하면 아이의 자기표현을 가로막지 않고 개성을 찾고 독립성을 키워 나가도록 격려해줄 수 있다. 아이가 소소하게 반항하더라도 당황하지 말고 술이나 약물 남용이나 무모한 행동 등 안전과 관련된 문제에 집중한다.

인지 발달 단계: 피아제의 이론

여섯 살 아들을 둔 한 엄마는 아이가 잘못을 저지르고도 사과하기를 극구 거부한다며 걱정했다. 아이가 다른 사람의 감정에 아무런 관심이 없는 점이 마음에 걸린다는 것이었다. 나는 고맘때는 그런 모습을 보이는 게 정상이라고 안심시켜줬다. 여섯 살 아이는 대개 타인의 관점을 고려하지 못한다. 그래서 '미안하다'는 말을 시키면 자기 잘못을 인정하라는 뜻으로 이해하고 수치심과 불안감을 느낀다. 그리고 미안하다고 말하는 목적이 상대방의 기분을 나아지게 하는 것임을 아직 이해하지 못한다.

아동의 인지 발달과 관련해서 가장 널리 인정받는 이론 중 하

성공하는 아이는 넘어지며 자란다

나는 장 피아제의 인지 발달 이론이다. 이 이론은 아이가 성장하면서 사고가 발달하는 방식에 초점을 맞춘다.[3] 피아제는 아이가 세상을 이해하는 방식이 네 단계를 거쳐 발전한다고 봤다. 에릭슨과 마찬가지로 아이가 자기 경험에 기초해서 자신과 세상에 대한 지식을 쌓아간다고 믿었지만, 피아제는 발달 과정에서 아이의 사고가 어떻게 달라지는지에 주목했다. 피아제는 아이가 부모나 다른 어른의 개입과 상관없이 스스로 배운다고 보았다. 또 아이에게는 배우고자 하는 내적 동기가 있어서 어른이 보상을 주지 않아도 스스로 배운다고 생각했다. 피아제가 제시한 발달 단계를 살펴보자.

1. 감각운동기

생후부터 2세까지다. 이 발달 단계의 아이들은 자기 몸을 움직여서 느끼는 감각에 기초해 배운다. 감각운동기 아이들이 배우는 가장 중요한 개념 중 하나는 자신이 주변의 다른 사람이나 대상과는 별개로 존재한다는 점이다. 한 예로, 아이들은 대상이 시야에서 사라져도 계속 존재한다는 대상 영속성을 배운다. 이는 곧 부모가 방에서 나가도 계속 존재한다는 것을 아이가 이해한다는 뜻이다. 아이들은 또 스스로 자기가 속한 환경에서 어떤 일이 일어나게 할 수 있음을 배운다. 생후 6개월 아기는 장난감을 잡고 싶을 때 장난감 쪽으로 움찔움찔 가거나 기거나 울음을 터뜨린다. 원하는 것을 얻을 때마다 아이는 자신감을 얻고 같은 행동을 다시 시도할 가능성이 커진다.

2. 전조작기

대략 2세에서 7세까지 이어진다. 전조작기에 돌입한 아이는 언어로 다른 사람과 소통하기 시작한다. 이맘때 아이에게 주위 어른들이 "말로 해야지"라고 말하는 것을 자주 들을 수 있다. 아이가 말로 자기 의사를 표현하는 법을 배울 준비가 되었기 때문이다.

이 시기에 아이는 사용하는 어휘가 늘고 비교적 복잡한 생각이나 감정도 표현할 수 있게 된다. 또 수를 세고 분류하는 법을 배운다. 이 발달 단계에서 아이의 사고는 대개 구체적인 수준에 머무르며 추상적 개념을 이해하지는 못한다. 그리고 자기중심적이다. 다시 말해서 모두가 자신과 똑같은 관점에서 세상을 본다고 믿는 것이다. 그렇지만 과거와 미래의 관점에서 생각하는 법은 배우기 시작한다.

전조작기의 아이는 부모가 다루기가 어렵다. 왜냐하면 아이가

성공하는 아이는 넘어지며 자란다

자기 행동에 따르는 결과를 이해하면서도 대체로 부모나 다른 사람의 관점에서 생각할 줄은 모르기 때문이다. 따라서 아이가 잘못된 행동을 할 때 부모는 아이가 다른 사람의 관점에서 볼 수 있게 도와줘야 한다. 그 요령은 뒤에서 다룰 예정이다.

3. 구체적 조작기

7세부터 11세까지 이어진다. 이 발달 단계에 이르면 아이는 타인의 관점에서 사물을 볼 줄 알고 자기 삶의 영역 밖에서 일어난 사건에도 관심을 기울일 줄 안다. 그리고 더 논리적으로 사고할 줄 알게 되고 가상의 상황을 상정한 질문을 더 잘 이해하게 된다. 자기중심성도 극복하기 시작해서 문제를 더 합리적으로 해결할 수 있다. 이 시기에는 아이가 스스로 문제를 해결해볼 기회를 주고 독립성을 키워줘야 한다.

4. 형식적 조작기

피아제가 정리한 마지막 발달 단계는 11세 혹은 12세에 시작된다. 이 시기에는 논리와 추론, 추상적 사고 능력이 중점적으로 발달한다. 이 연령대의 아이는 가상의 상황에 대해 결정을 내릴 때 수학이나 과학적 개념을 적용하기 시작한다. 계획을 세우거나 우선순위를 정하는 등 문제를 해결할 때도 수준 높은 기술을 활용할 수 있고 자기 행동에 따른 결과를 고려할 수 있다. 그래서 자기 행동의 결과를 미리 어느 정도 정확하게 예측할 수 있다. 이 단계는 사고력이 크게 도약하는 시기이므로 아이가 뭔가를 시도하고 실수하고 실수를 바로잡으며 배울 기회를 주면 좋다.

아이의 인지 발달 고려하기

한 부모가 여덟 살 딸을 데리고 읽기 능력 검사를 받으러 왔다. 부모가 설명했다. "아이가 학교에서 읽기 능력이 떨어지는 축에 속해요. 다른 아이들보다 한참 뒤처진 것 같아요." 평가 결과 아이의 읽기 능력은 평균이었고 특별한 문제가 없었다. 우리는 부모에게 "아이 반에 읽기 능력이 특출한 아이들이 있나 보군요"라고 말한 후 아이는 자기 속도로 읽기 능력을 잘 발달시키고 있다고 했다. 그리고 연말에 상황이 개선됐는지 그대로인지 알려달라고 부탁했다. 몇 달 후 부모는 "아이가 감을 잡았는지 이제는 읽기를 아주 잘하고 있

　　　　　　성공하는 아이는 넘어지며 자란다

어요"라고 피드백을 보내왔다.

피아제는 아이들이 수년에 걸쳐 인지 기술을 발달시킨다고 보았다. 다시 말해서 아이들이 특정 기술을 발달시키는 '일반적인' 시기가 굉장히 광범위하다는 뜻이다. 그뿐만 아니라 아이들은 인지 기술을 단번에 습득하는 게 아니라 점진적으로 습득한다. 그래서 부모 눈에는 아이의 발달 과정이 들쭉날쭉하게 느껴지고 혼란스러울 수 있다. 아이가 어떤 상황에서는 현명한 선택을 하는데 다른 상황에서는 잘못된 선택을 하면 부모는 아이가 경솔하게 행동한다고 넘겨짚기 쉽다. 하지만 실상은 그저 아이가 새로 습득한 기술을 모든 상황에서 꾸준히 발휘할 만큼 익히지 못했기 때문일 수 있다.

다시 말하지만 요즘 부모들은 아이가 굉장히 어릴 때부터 아이를 앞서가게 해야 한다는 압박감에 사로잡혀 있다. 그 단적인 예로 글을 일찍 떼게 하려고 열을 올리는 모습을 꼽을 수 있다. 어려서부터 아이에게 글자를 노출해주고 읽기에 흥미를 붙여주는 건 나쁠 게 없지만 아무리 애를 써도 아이가 글자를 익힐 준비가 되는 시기를 앞당길 방법은 없다. 교사들은 아이가 글을 깨치는 시기가 늦으면 부모들이 조바심을 내면서 걱정한다고 말한다. 그럴 때 교사들은 부모에게 몇몇 아이가 다른 아이들에 비해 글을 읽을 준비가 일찍 되기는 하지만 2학년쯤 되면 그 차이가 사라진다고 얘기해준다.

실제로 자신의 발달 수준에 맞춰 읽기를 배운 아이는 읽은 내용을 더 잘 이해한다. 누가 지나치게 일찍 밀어붙인 적이 없기 때문이다. 앞서 우리는 불안한 부모가 아이 스스로 처리할 수 있는 문제에도 개입해서 아이를 구해주는 경향이 있음을 짚어봤다. 이렇듯 부모가 아이를 과잉보호하면 아이는 발달상 자연스럽게 겪어야 할 난관을 경험하지 못해서 제대로 성장할 수 없다.

인지 발달 이론의 핵심은 바로 아이가 경험과 연습을 통해 배운다는 것이다. 아동기를 지나는 동안에는 수없이 많은 발달 과제를 마주한다. 대다수 아이는 약간의 어려움을 겪으면서 다음 단계로 나아가기 위해 필요한 기술을 자연스럽게 습득한다.

인지 발달을 돕는 양육법

인지 발달 과정을 알아두면 부모는 아이가 새로운 개념을 습득하면서 겪는 어려움을 자연스럽게 받아들일 수 있다. 부모는 아이가 새로운 기술을 익히도록 이끌어줘야지 아이가 할 일을 대신 해줘서는 안 된다. 인내심을 갖자!

● **감각운동기:** 영아기와 걸음마기 아이를 둔 부모는 아이가 주변 환경을 탐색하게 해줘야 한다. 이맘때는 손에 닿는 건 무엇이든 만져보고, 입에 넣어보고, 냄새를

성공하는 아이는 넘어지며 자란다

맡아보면서 탐색한다는 점을 이해해야 한다. 따라서 아이의 안전을 위해 세제나 콘센트에 손이 닿지 않게 하고 다칠 만한 장소를 탐색하지 않도록 주의하되, 안전에 문제가 없을 때는 아이가 주변 환경을 탐색하는 모습을 기쁘게 바라봐준다.

- **전조작기:** 이 단계를 보내는 아이의 목표는 언어 능력을 향상하고, 구체적인 사물을 중심으로 자기 세계를 체계화하기 시작하는 것이다. 부모는 아이에게 수준 높은 문제 해결 기술을 기대하기 어렵다는 점을 염두에 두고 아이의 발달 수준에 맞게 기대 수준을 조정해야 한다. 또 아이가 새로 습득한 언어 기술로 자신의 생각과 감정을 표현하도록 이끌어줘야 한다. 부모가 아이가 하고 싶은 말을 대신해주는 것은 금물이지만, 아이가 할 말을 직접적으로 알려주는 것은 아이의 언어 발달에 도움이 된다.

- **구체적 조작기:** 아이가 서서히 논리적으로 사고하기 시작한다. 이때 아이의 책임 범위를 넓혀가도록 격려해줘야 한다. 이 시기는 아이가 자기 방식대로 일을 처리해보고 그 결과를 경험해보기 좋은 때다. 왜냐하면 대체로는 그 결과가 심각하지 않고 사소하기 때문이다. 아주 훌륭한 연습 기간이 되어줄 것이다. 이 단계의 아이는 인과관계에 따른 추리가 가능하다. 아이에게 생각거리를 주는 질문을 던지고 아이가 뭐라고 대답하든 즐겁게 이야기를 나눠보자. 무슨 질문이든 상관없다. 바위가 어떻게 산꼭대기까지 올라갔을지 물어도 좋고, 아이와 아이의 친구들이 어떤 음악을 좋아하는지 물어도 좋다. 여기서 아이의 생각을 비판하지 않는 게 중요하다. 비판을 하게 되면 아이가 더 이상 자기 생각을 공유하지 않으려 할 수 있다.

● **형식적 조작기:** 이 단계에 이른 아이는 엄청난 양의 정보를 받아들이고 그중에서 가장 중요한 정보를 참고해 의사 결정을 내릴 줄 안다. 또 자기 행동이 다른 사람에게 미치는 영향을 알아차리는 능력이 있다. 따라서 부모는 아이가 이런 능력을 발휘하기를 기대해도 된다. 형식적 조작기에 이른 아이는 어떤 사안을 전 세계적인 차원에서 고려할 수 있게 되므로 부모는 사회적으로 일어난 사건에 대한 아이의 견해를 듣는 즐거움을 누릴 수 있게 된다. 이때 아이의 견해를 섣불리 판단하지 않고 열린 마음으로 듣는 게 중요하다. 십 대 자녀와 계속 대화를 나누는 비결은 바로 경청이다. 경청은 이 단계 아이의 인지 발달에 도움이 된다.

성공하는 아이는 넘어지며 자란다

도덕성 발달 단계: 콜버그의 이론

로런스 콜버그의 발달 이론은 도덕성이 발달하는 과정을 집중 조명했다.[4] 콜버그는 에릭슨이나 피아제와 달리 연령을 강조하지 않고 개인의 욕구와 동기에 중점을 뒀다. 콜버그는 몇 가지 도덕적 딜레마 상황을 제시하고 사람들이 그 상황에 어떻게 반응하는지를 중점적으로 연구했다.[5] 그는 명백한 정답이 없는 굉장히 어려운 상황에서 어떻게 행동할지 사람들에게 물었다. 예를 들어 가족들이 먹을 음식을 살 돈이 없다면, 법과 윤리에 어긋난다는 것을 알면서도 음식을 훔칠지 물었다.

콜버그는 전 연령대에서 수백 명의 참가자를 인터뷰하여 얻은 응답을 바탕으로 도덕적 사고를 세 가지 수준(총 여섯 단계)으로 나눴다. 그는 연구 참가자들이 각 딜레마에 내놓는 답이 무엇인지보다는 딜레마를 풀어가는 과정에 더 관심을 보였다. 콜버그가 제안한 발달 단계를 보면 에릭슨이나 피아제가 제안한 발달 단계와 유사점이 있다. 발달 단계마다 도덕적 딜레마를 처리하기 위해서는 감정이나 인지 차원에서 준비가 되어 있어야 하기 때문이다.

콜버그는 도덕성 발달 단계를 세 가지 수준으로 나누고 각 수준을 다시 두 단계로 구분해서 정리했다.

제1수준: 전인습적 도덕성

콜버그가 구분한 1단계와 2단계가 여기에 속한다. 1단계는 도덕성 발달의 첫 단계로 복종과 처벌 단계로 불리는데, 유아와 초등 저학년생이 여기에 해당한다. 이 단계의 아이는 자기 욕구만을 고려하여 판단하고 아직 타인의 욕구나 감정을 고려하지 못한다. 대신 권위자(부모나 교사)가 정해준 규칙을 따른다. 아이의 관점에서 도덕적으로 잘못된 행동은 바로 처벌을 당하는 행동이다.

2단계는 도덕성 발달의 두 번째 단계로 이 단계에 도달한 아이는 자기 이익을 추구한다. 이 단계의 아이는 타인도 자신처럼 욕구가 있음을 인식한다. 더 나아가 상대가 원하는 것을 주면 그 대가로 상대에게서 자신이 원하는 것을 얻어낼 수 있다는 사실을 깨닫는다. 아이들은 여전히 행동의 결과에 따라 옳고 그름을 판단하지만, 자신이 원하는 것을 타인으로부터 얻어낼 방법을 고민하기 시작한다. 이 단계의 행동 방식은 "가는 게 있으면 오는 게 있다"라는 말로 표현할 수 있다.

제2수준: 인습적 도덕성

3단계와 4단계가 여기에 속한다. 3단계는 도덕성 발달의 세 번째 단계로 이 단계에 이르면 순응을 추구한다. 일반적으로 중고등학교에 다니는 청소년이 해당한다. 이 단계에서 개인은 사회의 관점과 기대를 살피고 타인의 행동을 기준으로 자기 행동의 도덕성을 판단한다. 이 단계에서는 어떤 행위에 두드러진 결과가 따르지 않아도 사회의 규칙과 규범을 수용하는 모습이 나타난다. 청소년들은 신뢰를 얻고 관계를 유지하며 대인관계를 돈독하게 하는 데 중점을 둔다.

4단계는 도덕성 발달의 네 번째 단계로 이 단계에 속한 아이는 옳고 그름을 분별하는 데 집중한다. 이 시점에 이르면 타인에게 인정받고 싶은 욕구를 넘어서서 행위 자체를 두고 도덕 판단을 내리는 수준으로 이행한다. 이 단계에 도달하는 시기는 주로 고등학생 시절이나 초기 성인기이며, 많은 경우 이 단계에서 도덕성 발달을 멈춘다. 이 단계에서는 사회 질서를 유지하기 위해서 법과 규칙이 필요하다고 이해한다. 특정 법률에 동의하지 않더라도 법을 위반하는 것은 도덕적으로 그르다고 본다. 또 규칙을 변경 불가능한 것으로 보고 사회가 변하면 규칙도 변한다는 점을 알아차리지 못한다.

제3수준: 후인습적 도덕성

5단계와 6단계가 여기에 속한다. 5단계는 사회적 계약 단계로 불리며, 이 단계에 이르면 사람마다 견해와 가치관이 다를 수 있음을 이해한다. 이 정도 수준의 도덕 판단은 대체로 대학에 진학하는 연령이 되어야 나타난다. 법은 사회적 계약으로서 유용한 도구이지만 변경 가능한 것으로 여긴다. 그래서 법이 사회 질서를 대변하지만 절대적인 윤리적 기준이 될 수는 없으며 사회가 변함에 따라 변해야 한다고 생각한다. 4단계와 5단계가 대다수 사람이 도달하는 가장 높은 도덕 발달 단계다.

마지막으로 6단계는 이상적인 혹은 보편적인 도덕성 단계로 이 수준에 이르는 사람은 거의 없다. 6단계는 공공의 이익을 위해서라면 개인의 윤리 원칙을 기꺼이 위반하려는 의지와 강한 내면의 양심을 갖춰야 하기에 현실이 아닌 '가상'의 단계로 여겨지곤 한다. 이 단계에서는 누구나 항상 올바르게 행동하기 때문에 법이나 규칙이 필요 없지만, 그러려면 모두가 이 단계에 도달해야 한다. 대다수 사람은 이 도덕성 단계에 도달하지 못하기 때문에 오늘날 사회에서 이 수준의 도덕 판단에 의지하는 것은 안전하지 못하다.

아이의 도덕성 발달 고려하기

한 부모가 이런 조언을 구한 적이 있다. "여덟 살 먹은 저희 아들은 집에서는 규칙을 잘 지키고 사려 깊게 행동해요. 하지만 제일 친한 친구 집에 갈 때마다 제가 머리를 쥐어뜯고 싶게 하는 행동을 하는 거예요. 그 친구와 저희 집에서 놀 때는 절대로 그런 행동을 하지 않거든요. 아이가 집 밖에서 행동이 달라지는 이유가 뭘까요?"

그 부모의 말에 이렇게 말했다. "아직 어떤 행동이 '옳기' 때문에 올바른 행동을 해야 한다고 생각할 만큼 성숙하지 않아서일 거예요. 아이는 자기 집과 친구 집의 서로 다른 규칙에 반응하고 있을 가능성이 커요. 집에서 따라야 할 규칙과 그것에 따른 결과가 명확하다면 아이는 벌을 받지 않으려고 부모가 기대하는 대로 행동하겠죠. 하지만 친구 집의 규칙이 그다지 명확하지 않다면 그저 친구가 행동하는 대로 따라 할 수 있어요. 사실 아이에게는 친구 집에서는 어떤 행동을 해도 괜찮은데 우리 집에서는 벌을 받는 게 꽤 혼란스럽게 느껴질 수 있어요."

도덕 판단은 아이의 연령이나 학년에 맞춰 발달하지 않는다. 도덕 판단은 아이가 세상을 어떻게 바라보고 자기 욕구를 어떻게 충족하는지를 보여준다. 부모인 우리는 아이들이 처벌을 회피하려고 올바르게 행동하는 게 아니라 그것이 옳은 행동이기 때문에 올바르게 행동하는 법을 배우기를 고대한다.

부모들은 아이와 관련된 결정을 내릴 때 알게 모르게 아이의 도덕성 발달 단계를 고려한다. 아이가 자라면서 부모가 아이를 신뢰할 수 있는 때가 온다. 아이가 혼자 등하교해도 괜찮을 거라고, 일일이 점검하지 않아도 스스로 숙제를 할 거라고, 주말에 친구 집에서 밤늦게까지 시간을 보내도 괜찮을 거라고 생각하는 때가 오는 것이다. 아마 아이는 방금 말한 상황에서 규칙을 지키고 사려 깊게 판단하는 모습을 보여주면서 부모에게 신뢰를 얻었을 것이다. 아이가 책임감 있고 믿음직한 모습을 보여줄수록 부모는 아이에게 더 많은 특권을 부여할 수 있다.

우리가 앞서 다양한 발달 이론을 살펴보면서 이야기를 나누었

듯, 가장 사려 깊은 부모조차 다른 아이들이 발달 과제를 완수하는 모습을 보고 자기 아이를 때 이르게 밀어붙이거나 발달상의 위기를 아예 겪지 않도록 과잉보호한다. 아이들은 성장하면서 발달 단계를 거쳐야 하고 그러려면 연습을 많이 해봐야 한다. 부모가 아이가 겪어야 할 위기를 대신 겪어주거나 아이의 발달 속도를 높이는 방법은 없고, 그렇게 해서도 안 된다.

아이는 반드시 실수를 저질러봐야 한다. 유아는 다른 아이와 장난감을 같이 갖고 놀지 않거나 같이 놀던 친구를 울리는 것처럼 사소한 실수를 저지르지만 십 대가 되면 실수는 도둑질, 부정행위, 거짓말이 될 수도 있다. 그런 상황이라면 부모는 얼른 개입해서 아이를 구해주고 싶은 마음이 들 수도 있다. 하지만 어떤 도덕적 딜레마 상황이든 아이가 실수를 저지르며 배우고 자신의 행동과 가치관을 점검할 기회를 줘야 한다.

한번은 이런 일이 있었다. 학교에서 시험을 보다가 부정행위를 한 고등학생 남자아이와 상담을 했다. 교사는 시험지에 메모를 써서 아이의 부정행위를 알리고 거기에 부모가 해당 사실을 인지했다는 서명을 받아오게 했다. 아이는 부모에게 시험지를 보여주지 않고 허락 없이 부모 이름을 시험지에 적어갔다. 서명이 이상하다고 여긴 교사가 아이의 아버지에게 전화를 했고, 전화를 받은 아이의 아버지는 아들이 부정행위 때문에 정학을 받을까 봐 자신이 서명한

게 맞다고 대답했다.

　이 아이는 이번 실수를 도덕성 발달을 위한 기회로 삼을 수도 있었다. 하지만 아이의 아버지는 아들의 부정행위에 따른 처벌을 너무 염려한 나머지 그 기회를 빼앗고 말았다. 만약 그 아이가 자신의 삶에서 중요한 어른들을 실망시킨 결과로 부끄러움과 당혹감을 느껴보았더라면, 그것은 경험을 통해 더 성장하는 기회가 되었을 것이다. 그런 기회였다면 아이는 어른들의 신뢰를 되찾기 위해 노력했을 수도 있고 그 과정에서 도덕성을 기를 수 있었을지 모른다. 하지만 아이는 그럴 기회를 잃어버리고 오히려 그릇된 행동을 통해 보상을 받았다.

도덕성 발달을 돕는 양육법

　도덕성은 연령에 따라 발달하기보다는 사고력과 문제 해결 능력을 바탕으로 발달한다.

● **전인습적 도덕성**: 전인습적 도덕성 단계에 있는 아이는 주위 환경이 부과하는 규칙과 행동의 결과를 바탕으로 상황에 반응하고 옳고 그름을 판단한다. 부모가 명확하고 단순한 규칙을 세우고 그것에 따른 결과를 일관되게 적용하면 아이의 도

덕성 발달을 도울 수 있다. 아이는 부모가 자기 행동에 어떻게 반응할지 알 때 가장 올바르게 행동한다.

- **인습적 도덕성:** 인습적 도덕성 단계에 있는 아이에게는 또래 집단에 순응하는 것이 가장 중요하다. 이 단계에서는 집단의 세계관과 책임 의식, 상호작용 방식을 받아들이기 때문에 아이가 속한 또래 집단이 사고 및 도덕성의 발달에 지대한 영향을 미친다. 아이가 친구들과 어울리는 모습을 관찰할 기회가 있다면 그 기회를 잘 활용하자. 아이의 친구를 차로 데려다주거나 집에 초대하는 상황은 또래 친구들을 관찰할 기회다. 친구나 친구 가족들의 가치관이 어떻게 다른지 아이와 생각을 나눠보는 것도 좋다.

- **후인습적 도덕성:** 후인습적 도덕성 단계는 대개 대학 입학 후에 나타난다. 하지만 아이의 연령에 관계없이 부모가 후인습적 도덕성 발달을 도울 방법이 있다. 이 단계에 이르면 도덕성을 단지 법과 규칙이 아니라 사회에 대한 책임으로 인식한다. 여기서 아이가 사회와 상호작용하는 방식이나 공동체의 규칙에 변화를 꾀할 때 아이를 지지해주면 큰 도움이 된다.

* * *

지금까지 살펴본 발달 이론들은 한결같이 아이가 다음 발달 단계로 나아가는 데 필요한 기술을 습득하려면 발달 과제를 직접 경험해봐야 한다고 강조한다. 아이가 다음 발달 단계로 나아가기 위해서는 뇌가 발달하면서 생각하는 방식이 바뀌어야 하고, 또 다양한 경험을 해봐야 한다. 그러므로 부모가 아이를 너무 때 이르게 밀어붙이거나 위기를 경험하지 못하게 과잉보호하면 아이들은 발달 단계를 거치며 습득해야 할 기술을 연습하지 못하게 된다.

성공하는 아이는 넘어지며 자란다

아이의 발달 단계를
잘 모르는 부모에게

현재 상황

아이를 최고로 잘 기르고 싶다. 그러면서 아이가 부모의 높은 기대 수준을 충족하기를, 높은 사회성과 인지 능력, 도덕성을 겸비하기를 기대한다.

잠깐 생각해보기

아이의 사회성, 인지 능력, 도덕성의 발달 과정과 발달 단계를 알지 못하는 부모는 아이의 능력이나 발달 시기에 맞지 않는 기대를 품으면서 아이에게 악영향을 미친다.

조언

아이가 발달 단계상 어디에 있는지를 살펴보고 아이의 연령에 맞게 기대 수준을 합리적으로 조정하자. 부모는 아이의 발달 단계에 적합한 학습 경험이나 도전 과제를 제시하여 아이의 발달을 도울 수 있다.

아이의 사회성, 인지 능력, 도덕성의 발달 수준이 각기 다를 수 있음을 기억해야 한다. 아이는 또래와 비교했을 때 한두 영역에서는 앞서고 나머지 영역에서는 뒤처질 수 있다. 아이를 마음껏 지원하되 구해주지는 않도록 조심하자. 아이가 발달 과제를 완수하고 다음 단계로 넘어가려면 직접 난관을 헤쳐 나가야 한다.

4장

아이의 뇌가 발달하는
결정적 시기를 지켜주자

과거 아이들이
더 가졌던 기회

상담을 하면서 우리는 아이가 학교 숙제를 출력하지 못해서 생기는 갈등 상황에 대해 자주 듣는다. 부모 아이 가릴 것 없이 많은 이들이 이런 상황을 걱정한다. 학교 숙제를 출력해야 하는데 집에 있는 프린터의 잉크가 다 떨어졌거나 프린터가 제대로 작동하지 않으면 아이들은 당황해서 어쩔 줄 모른다. 남아 있는 다른 색 잉크로 출력하거나 외장 메모리에 저장해서 학교에 가서 출력하거나 학교 가는 길에 출력센터에 들르거나 도서관이나 친구 집에서 출력하는 등 방법은 많다. 하지만 아이들은 이 문제를 해결할 방법을 찾아보려 하지도 않고 그냥 망했다는 반응을 보이곤 한다.

지난 세대의 아동 및 청소년들은 앞서 살펴본 삶의 기술을 날마다 자연스럽게 연습할 수 있었다. 사실 별다른 방도가 없었다. 1960년대, 1970년대, 1980년대에 유년 시절을 보낸 세대가 자신의 하루를 계획할 때 얼마나 많은 자유를 누렸는지 떠올려보자.

"가로등이 켜지면 집에 들어와야 해"라는 말이 부모 세대의 귀에는 아마 익숙할 것이다. 당시 부모들은 아이가 집을 나서고부터 밖이 캄캄해져서 돌아오기까지 하루 종일 어디에 있는지 알지 못할 때가 많았다. 집 밖에 있는 동안 아이들은 다른 아이들과 놀거나 시합을 했고, 때로는 말썽을 피우기도 했다. 이런 경험은 준비하고 계획하고 판단하고 결정을 내리는 기술을 연마하는 밑거름이 됐다. 뇌가 발달하면서 유연하게 사고하고 독립적으로 문제를 해결하는 연습을 할 수 있었던 것이다.

반면 요즘 대다수 아이는 이런 기회를 누리지 못한다. 안전에 대한 염려 때문이든, 빡빡한 일정으로 자유 시간이 없어서든, 아니면 숙제를 하느라 너무 바쁘기 때문이든 아이들은 이전 세대가 누리던 자유와 기회를 누리지 못한다.

설상가상으로 기술 발전도 아이들이 중요한 삶의 기술을 연마할 기회를 빼앗고 있다. 핸드폰으로 전화를 걸거나 구글에서 검색해보면 금세 해결책이 주어지는 환경에서 아이들은 스스로 생각하고 상황을 파악할 필요성을 느끼지 못한다. 점점 더 기술에 의존해 해답

성공하는 아이는 넘어지며 자란다

을 찾으면서 아이들은 스마트 기기 없이 혼자 해결책을 떠올리기 힘들어한다. 아이들이 집 밖에서 자기들끼리 시간을 보낼 기회가 줄어든 것과 더불어 문명의 이기도 요즘 아이들이 스스로 생각하고 문제를 해결하는 연습의 기회를 빼앗고 있다.

1999년에 아동기와 청소년기를 보낸 사람들이 오늘날 아동 및 청소년의 일상과 얼마나 다른 삶을 살았는지 비교해보자.

- **방송 프로그램 시간 사수하기:** 과거에는 좋아하는 방송 프로그램을 녹화하려면, 해당 프로그램의 방영 채널과 방영 시간을 알아두고 VCR을 세팅해야 했으며, 실수로 이미 다른 프로그램을 녹화해둔 비디오테이프에 덧씌워 녹화하지 않도록 주의해야 했다. 녹화하고 싶은 프로그램의 방영 시간이 겹치면 가족끼리 어떤 프로그램을 녹화할지 협상을 벌여야 했다. 이를 통해 아이들은 소통하고 협상하는 사회적 기술뿐 아니라 스스로 계획하고 준비하는 기술을 습득할 수 있었다. 반면 오늘날에는 거의 모든 프로그램을 밤낮 없이 언제든 즉시 볼 수 있으므로 미리 계획할 필요가 없다.
- **길 찾거나 물어보기:** 과거에는 종이 지도밖에 없어서 길을 잃으면 지도를 찾아보거나 인근에 있는 사람에게 길을 물어야 했다. 누구에게 물어봐야 안전할지 가늠해보고, 가르쳐준 길을 따라가려고 애써야 했다. 그러면서 아이들은 문제 해결, 의사 결정, 사회적 추론 및 의사소통 기술을 활용해 예기치 못한 상황에 대처하는 연습을 할 수 있었다. 반면 오늘날에는 GPS 기술도 발전했고, 혹시라도 길을

잃으면 핸드폰으로 얼른 전화를 걸거나 지도 앱을 활용해 현재의 위치와 경로를 순식간에 찾을 수 있다. 문제 해결 능력은 필요 없다. 그저 스마트 기기를 다루는 능력만 있으면 된다.

- **자료 수집하기:** 과거에는 보고서를 작성하려면 시간을 내서 도서관에 다녀와야 했다. 책이나 백과사전, 학술지에 필요한 정보가 담겨 있는지를 찾고, 찾은 정보를 메모하거나 복사하거나 책을 대출해야 했다(보고서 작성을 마치고 책을 반납하는 것도 잊지 말아야 했다). 이 과정에서 아이들은 시간을 관리하는 법, 자료를 수집하고 정리하는 법, 도서관에서 빌린 자료를 책임지고 늦지 않게 반납하는 법을 배운다. 반면 오늘날에는 집에 있는 컴퓨터 앞에 앉아서 검색창에 조사할 용어나 구절을 입력하면 즉시 필요한 정보를 얻는다. 계획은 필요 없다.

이런 예는 끝이 없다. 기술이 발전한 덕에 우리는 길을 잃었을 때 금방 길을 찾을 수 있고, 새로운 것을 배우고 싶을 때 손쉽게 관련 정보를 얻을 수 있다. 하지만 동시에 기술 발전은 아이들이 갖가지 인지 기술(문제 해결, 계획, 준비, 의사소통)을 습득할 기회를 앗아갔고, 그 결과 오늘날 아이들은 제대로 준비되지 못한 상태로 어른이된다. 지금부터 아이들이 이 소중한 인지 기술을 연습할 기회를 누리지 못하면 인지 능력 발달에 어떤 악영향을 받는지를 집중적으로 살펴보려 한다.

부모가 알아야 할
아이의 결정적 시기

　오늘날 아이들 세대는 지나치게 편리한 생활에 익숙해진 탓에 스스로 생각하고 결정하는 데 필요한 인지 기술을 발달시키지 못했다. 그 결과는 아이들이 문제 상황에서 보이는 반응을 보면 알 수 있다. 아이들은 문제를 해결하려고 나서는 대신 무기력한 모습을 보인다.

　교육 분야 종사자들과 아동심리학자들이 1920년대와 1950년대에 만들어진 발달 이론을 계속해서 배우고 활용하는 데는 그만한 이유가 있다.[1] 앞 장에서 살펴본 바와 같이 이론가들은 세대와 문화를 초월해서 일관되게 나타나는 발달 단계를 발견했다. 뇌 발달이나 아동의 문제 해결 능력을 다룬 이론도 다르지 않다.

새로운 연구와 이론이 계속해서 나오고 있지만 그럼에도 이론의 기본 전제는 여전히 달라지지 않고 있다. 모든 이론은 뇌 발달이 상대적으로 안정되게 일어난다는 데 동의한다. 뇌 발달은 대다수 아이에게 일관되게 예측 가능한 순서로 일어난다. 더 구체적으로 살펴보면, 뇌 발달은 서두른다고 속도를 높일 수 없고, 사물을 두고 사고하는 방식은 아이의 연령과 성숙도, 발달 단계에 따라 한계가 있다.

나눔을 예로 들어보자. 나눔은 부모가 어린 자녀에게 심어주려는 중요한 가치 중 하나다. 비교적 큰 아이나 어른은 나눔을 생각할 때 나눔이 상대의 감정에 미치는 영향을 고려한다. 무언가를 나누면 나눔을 받은 상대가 기뻐할 것이고, 나누지 않으면 상대가 소외감을 느끼고 속상해하리라고 생각한다.

한편 다른 사람과 뭔가를 나누기 시작한 유아는 단지 나누면 칭찬을 받기 때문에 혹은 나눠야 한다고 배웠기 때문에 그런 행동을 보인다. 유아는 마음에서 우러나와서 나누는 게 아니다. 무언가를 나눌 때 주위 어른들이 "잘했어!"라고 칭찬하며 미소 짓는 것을 알기 때문에 긍정적인 관심을 받고 싶어서 나누는 것이다. 하지만 칭찬은 아이가 계속해서 올바르게 행동하도록 도와주고 긍정적인 경험을 쌓게 한다. 아이가 커가면서 그 행동이 사람들 사이에서 어떤 의미를 지니는지 이해할 준비가 되면 올바른 행동의 의미를 깨달으면서 자부심과 자신감을 느낄 것이다.

나눔의 참 의미를 이해하도록 부모가 애써 설명하더라도 어린 아이들은 뇌와 사회성과 도덕성이 나눔의 의미를 이해할 만큼 충분히 발달하지 못한 상태다. 물론 부모의 설명이 이해되는 때가 오겠지만 그러려면 아이가 특정 발달 단계에 이르러야 한다.

어떤 기술 습득에는 '결정적 시기'가 있다

오늘날 아이들이 경험하는 편리한 기술과 즉각적인 만족은 아동과 청소년이 연습을 통해 삶의 기술을 습득할 때뿐만 아니라 이 아이들의 뇌가 발달하는 데도 영향을 미친다. 타인의 감정이나 행동의 결과를 미리 고려하고 스스로 문제를 해결하는 경험을 해보지 못한 아이들의 뇌 속에서는 이런 삶의 기술을 습득하고 활용하는 데 필요한 연결이 강화되지 않는다. 뇌가 발달하고 성장하는 과정을 살펴보면서 왜 이런 일이 일어나는지 살펴보자.

우리 뇌에는 신체가 성숙함에 따라 비교적 안정되게 발달하는 영역이 있는가 하면, 연습을 통해 강화되는 영역이 있다. 꾸준한 연습을 통해 악기를 연주하거나 외국어를 구사하거나 몸의 근육을 만드는 것과 마찬가지다. 그리고 아이의 생애에는 학습을 증진하는 경험에 노출됐을 때 어떤 기술이나 능력이 더 쉽게 발달하는 '결정적 시기'가 존재한다. 결정적 시기critical period란 인간의 발달 과정에서 어떤 부류의 행동이 일반적으로 형성되고 획득되는 특정 단계를 말한다.[2] 다시 말해서 경험이 학습 효과를 최대한 발휘하는 시기가 따로 있는 것이다.

결정적 시기에 시냅스는 전 인생을 통틀어 가장 빠른 속도로 발달하는데, 이를 '시냅스 과잉생산synaptic overproduction'이라고 한다. 결정적 시기 동안에는 학습 효율이 최고조에 이르러 뇌는 모든 종류의 자극을 받아들일 준비가 돼 있다. 이 시기에 시냅스 간의 연결은 경험을 통해 강화된다. 특정 기술을 많이 연습할수록 그 기술을 관장하는 뇌 영역이 더 많이 발달한다.

연습과 경험이 관련 시냅스의 연결을 튼튼히 하는 한편, 자주 사용되지 않는 시냅스는 '가지치기'를 통해 솎아진다. 이 말은 곧 아이가 결정적 시기에 어떤 기술을 습득하는 데 필요한 경험에 노출되지 못하면 해당 영역의 시냅스가 시들어버린다는 뜻이다. 간단히 표현하자면, 시냅스는 '사용'하지 않으면 '소멸'된다. 결정적 시기가 지나도 기술 습득이 가능하기는 하지만 그 과정이 훨씬 힘들어진다.

이는 지금까지 충분한 연구가 이뤄진 언어 습득의 결정적 시기

성공하는 아이는 넘어지며 자란다

를 살펴보면 잘 알 수 있다.[3] 영아기와 걸음마기의 아이는 음소를 처리하는 시냅스를 빠르게 만들어내는데, 이는 영아기와 걸음마기가 이 기술 습득의 결정적 시기이기 때문이다.[4] 아이들은 말을 할 줄 모르다가 단지 두어 해 만에 유창하게 말을 할 줄 안다. 영아기 및 걸음마기 아이는 언어에 노출이 되면 될수록 해당 언어의 음소를 처리하는 시냅스가 튼튼해진다. 그리고 아이가 들어보지 못한 음소는 연결이 끊긴다(가지치기된다). 이 같은 맥락에서 보면 어려서 한 개 이상의 언어에 노출된 아이는 한 가지 언어에만 노출된 아이보다 더 많은 음소를 더 강하게 연결하고 그 연결을 유지한다.

물론 결정적 시기가 지난 이후에도 언어를 배울 수 있다. 다만 습득 과정이 훨씬 고단해진다. 2개 국어를 구사하는 사람이 제3의 언어를 얼마나 쉽게 배우는지 생각해보자. 다중 언어의 기초를 잘 다져놓으면 나중에 유사한 기술을 더 자연스럽게 습득할 수 있다. 문제 해결력 같은 인지 기술도 마찬가지다.

부모의 과잉보호는 방해만 될 뿐

요즘 부모들은 아이가 남보다 앞서도록 밀어붙이기에 급급하고 아이가 실수하거나 불행해지지 않도록 보호하려는 경향이 있다. 그 과정에서 부모는 아이가 발달상 결정적 시기에 경험해야 할 일을 경험하지 못하도록 방해한다. 기술 습득의 최적기에 제대로 경험하지 못하면 해당 기술을 습득하기가 훨씬 어려워진다. 부모가 아이를 섣부르게 밀어붙이거나 과잉보호하면 그런 결과가 나타난다. 반면 아이가 스스로 실수를 바로잡고 주도적으로 결정하고 자기 책임을 받아들이고 용돈을 벌어 쓰게 하는 부모는 아이를 집행 기능을 키울 수 있는 경험에 노출시킨다.

성공하는 아이는 넘어지며 자란다

성공의 바탕이 되는 기술, 집행 기능

　'집행 기능executive function'은 아이가 성인기를 앞두고 연습해야 할 가장 중요한 기술일 것이다. 집행 기능이란 다양한 정보를 관리하고 활용해서 문제를 해결하고 의사 결정을 하는 고차원적 추론 능력이다. 여기에는 계획, 준비, 멀티태스킹과 더불어 중요한 정보와 사소한 정보를 분별하는 능력이 포함된다.

　많은 부모를 인터뷰하면서 아이가 성인기에 들어서기 전에 가장 키워주고 싶은 능력이 무엇인지 물어보면, 부모들은 대인관계 능력, 스스로 생각하는 능력, 남을 배려하고 자신의 일을 책임감 있게 감당하는 능력 등을 꼽았다. 이 능력들은 전부 집행 기능과 관련이 있다.

어른들이 매일 감당해야 하는 일을 떠올려보자. 부모들은 자신의 일정과 더불어 가족들의 일정까지 관리해야 한다. 그리고 자기 일상을 꾸려가며(씻기, 옷 입기, 먹기 등) 집안일을 하고 아이를 돌보고 맡은 업무를 처리해야 한다(업무 처리 하나에도 엄청나게 많은 집행 기능을 발휘해야 한다). 미처 받지 못한 전화는 기억해두었다가 다시 걸어야 하고 이메일과 문자에 답장을 보내야 한다. 그리고 자신과 가족들의 약속도 관리해야 한다. 이처럼 집행 기능은 한 사람이 사려 깊고 독립적으로 자립하여 살아가기 위해 꼭 필요한 핵심 인지 기능이다.

더 자세히 살펴보면, 우리 모두는 집행 기능을 발휘할 수 있기 때문에 유연하게 사고하며 삶의 변화에 적응할 수 있다. 계획을 세우는 것은 좋은 일이지만 현실은 계획대로 흘러가지 않을 때가 많다. 집행 기능은 우리가 예상하지 못한 결과에 대처해서 계획을 바꾸거나 계획을 새로 세우고 그 과정에서 주위 사람들까지 고려하도록 해준다. 자녀 양육의 궁극적인 목표가 아이를 독립적인 성인으로 길러내는 것임을 고려한다면 집행 기능이 얼마나 중요한 기술인지 알 수 있을 것이다.

아이의 행복한 대학 생활을 위해

보통 대학생이 대학 캠퍼스에서 보내는 일상을 떠올려보자. 먼저 정해진 일과에 따라 수업 시간, 식사 시간, 약속 시간 등의 일정을 소화해야 한다. 학생들은 대부분 일과에 따른 생활에 익숙하기 때문에 이는 대학 생활에서 가장 쉬운 부분일 경우가 많다. 대학 생활에서 어려운 부분은 바로 정해진 일과 외에 다음과 같은 일들을 스스로 계획하는 것이다.

- 교수들은 흔히 전체 학기 일정을 대략 알려주는데, 이 일정을 일일 계획으로 나눠 포함시켜야 한다. 예를 들어 어떤 교수는 두 달 뒤 교재 1장부터 10장까지의 범위로 중간고사를 치른다고 공지할 수 있다. 그러면 매주 책을 읽고 공부할 시간을 배정해야 한다.
- 이번 학기에 수강 신청한 네댓 과목의 과제와 보고서, 읽을거리, 공부를 위한 시간을 계획해야 한다.
- 따라가기 벅찬 수업이 있다고 해도 교수가 먼저 손을 내미는 법은 없으므로 학생이 나서서 도움을 요청해야 한다.
- 돈 관리를 스스로 해야 한다. 대학생이 되고 나서야 돈 관리를 스스로 해보는 경우가 많다. 특히 용돈뿐 아니라 학비, 생활비 등을 스스로 관리하는 것은 대다수 학생이 처음 겪는 일이다.

● 거의 난생처음으로 낯선 사람과 방을 공유하고, 새로운 사람을 많이 만나고, 사
  회생활의 자유와 다른 해야 할 일들 사이에서 균형을 찾는 법을 배우는 등 사회
  생활에서 겪는 압박도 상당하다.

대학생이 되면 한 번에 한 가지 집행 기능이 아니라 다양한 집행 기능을 한꺼번에 발휘해야 한다. 과제는 다 했냐고 물어봐주거나 내일은 오전에 수업이 있으니 집에 일찍 들어오라고 말해주는 사람이 없다. 또 삶이 너무 버거워서 마음이 무너질 때 다시 일어나라고 다독여줄 사람도 없다. 고등학생 시절 부모가 그토록 중시하는 대입 시험 점수나 내신 성적은 대학 합격에서는 큰 몫을 담당할지 몰라도 대학 생활에는 별반 도움이 되지 않는다. 대학 입학 후에 도움이 되는 건 집행 기능이다.

부모가 문제 상황에서 아이를 구해주는 대신 아이 스스로 문제를 해결해 나가도록 허용하면 아이는 집행 기능을 발달시킨다. 어린 시절부터 아이가 용돈을 모아서 갖고 싶은 물건을 사게 하는 것도 같은 효과가 있다. 다음 장에서 교사들이 성공적인 대학 생활을 예측하는 가장 중요한 요인으로 꼽은 특성들을 살펴볼 것이다. 가장 흔히 언급된 특성은 회복탄력성, 비판적 사고력, 책임감이었다. 이런 특성이 전부 집행 기능과 연관되어 있음을 생각해보자.

빨래를 대신 해주는 부모

한 부모가 열여덟 살 딸과 함께 상담실에 찾아와서는 빨래하는 문제를 의논하고 싶다고 말했다. 딸은 엄마가 자기 옷을 빨고 말리는 방식에 불만이 있었다. 그래서 부모는 딸에게 빨래를 스스로 하라고 말했고, 딸도 자기 일은 스스로 하고 싶었기 때문에 동의했다 (내년에 대학에 가면서 집을 떠날 준비를 하는 중이라 발달 단계상 지극히 일반적인 일이다).

이렇게 서로 합의했음에도 불구하고 엄마는 딸이 교복 세탁을 잊을 때마다 세탁을 해줬다. 딸은 엄마가 자기 물건에 마음대로 손을 댄다고 화를 냈고, 엄마는 딸을 도와주고도 고맙다는 소리 한 번 못 들어봤다며 불만을 터트렸다. "얘가 지저분한 교복 차림으로 학교에 가는 것도 그렇고, 또 교복을 안 입고 갔다가 문제가 생기면 어떡해요?" 이렇게 묻는 엄마에게 말했다. "차라리 지금 딸이 그런 문제를 겪고 자연스럽게 미리 계획하는 법을 배우는 편이 나중에 대학에서 갖가지 새로운 기술을 습득해야 할 시기에 배우는 것보다 낫지 않나요?" 이 사례는 집행 기능 발달의 결정적 시기를 맞은 청소년이 경험을 통한 기술 습득의 기회를 놓치는 모습을 전형적으로 보여준다.

청소년기의 최우선 과제는
집행 기능 키우기

연구에 따르면 집행 기능이 발달하는 최적의 시기는 중학생 시기부터 이십 대 초반 사이다. 뇌에서 집행 기능을 주로 통제하는 영역은 전두엽이다. 전두엽은 뇌의 여러 영역과 상호작용한다. 뇌에는 아동기 내내 발달하는 영역이 많지만, 전두엽은 청소년기에 들어서면서부터 빠르게 발달하기 시작해서 초기 성년기까지 발달한다. 따라서 청소년기부터는 스스로 학업과 관련해서 해야 할 일을 관리하고 자기 물건을 챙기고 집안일이나 아르바이트 같은 다른 책임을 감당할 능력이 있다.

세라 제인 블레이크모어와 수파르나 차우두리는 〈청소년의 뇌 발달: 집행 기능과 사회 인지에 관하여〉라는 논문에서 아동과 청소년의 뇌 발달 과정과 더불어 아동기 내내 일어나는 뇌의 변화를 일목요연하게 정리했다.[5] 두 사람은 뇌 촬영 기술과 뇌 검사를 활용한 수많은 연구를 검토하고 거기에 나타난 일관되고 명백한 결과를 보여줬다. 그들은 또한 뇌가 시간이 흐름에 따라 어떤 발달 양상을 보이는지도 살펴봤다.

그중 가장 흥미롭고 시의적절한 결과는 집행 기능 및 사회 인지 영역의 시냅스 개편이 사춘기에 일어난다는 것이다. 블레이크모어

성공하는 아이는 넘어지며 자란다

와 차우두리는 청소년이 사춘기에 집행 기능을 습득할 만반의 준비를 갖출 뿐 아니라 집행 기능을 대인관계에 활용할 능력을 갖춘다는 점을 명백히 보여줬다.

사춘기는 집행 기능을 습득하는 결정적 시기이며 이때 개인의 경험은 학습이 가장 잘 이뤄지는 통로가 되어준다. 따라서 아이 스스로 문제를 해결해보도록 지켜봐주지 않고 부모가 개입해서 문제를 해결해주거나 아이가 갖고 싶어하는 물건을 아무 대가 없이 사준다면 아이는 직접 경험하면서 집행 기능을 습득할 소중한 기회를 빼앗기고 만다. 청소년기는 뇌가 경험하는 모든 것으로부터 배우고 습득할 준비가 되어 있을 뿐만 아니라 집행 기능을 어느 때보다 수월하게 발달시킬 수 있는 시기다. 따라서 청소년기 자녀의 양육과 교육은 집행 기능의 개발을 우선순위에 둬야 한다.

어떤 부모들은 자녀의 장래를 대비한다며 학업 성취와 사교육에 열을 올리면서도 정작 아이가 청소년기에 꼭 습득해야 하는 인지 기술에는 관심을 기울이지 않는다. 청소년기에 스스로 계획하고 준비하고 의사 결정을 내리며 비판적으로 사고하는 과정을 충분히 연습해보지 못한 아이는 독립적인 성인으로 살아갈 준비가 전혀 안 된 상태로 성인기를 맞는다.

질문만으로 도울 수 있다

뇌가 집행 기능을 익히는 최적기는 중학생 때부터지만 그 이전에도 집행 기능을 익힐 준비가 되도록 도울 방법이 있다. 어려서부터 아이가 부모에게 문젯거리를 들고 올 때면 "너는 어떻게 생각하니?"라면서 아이의 생각을 물어보는 것이다.

걸음마기 아이가 아빠에게 망가진 장난감을 보여준다면, "어떻게 고칠 수 있을까?"라고 묻는다. 아홉 살 아이가 수학 숙제 유인물을 학교에 놓고 왔다면, "가장 좋은 해결법은 뭘까?"라고 묻는다. 열한 살 아이가 같은 반 친구와 갈등을 겪고 있다면, "그 친구와 잘 지내려면 어떻게 해야 할까?"라고 묻는다.

아이가 내놓은 해결책은 엉성하고 성숙하지 못해서 약간 보완해줘야겠지만, 그래도 이렇게 아이에게 해결책을 물으면 아이는 문제가 생겼을 때 해결책을 찾아야 하는 사람이 다름 아닌 자기 자신이라는 생각에 익숙해진다. 그러면 나중에 높은 수준의 집행 기능이 요구되는 복잡한 문제 앞에서도 스스로 해결할 수 있다는 자신감을 쌓을 수 있다.

성공하는 아이는 넘어지며 자란다

판단력과 의사 결정 능력을 키워주려면

좋은 판단을 내리고 의사 결정을 잘하려면 집행 기능을 잘 발휘해야 할 뿐 아니라 타인을 의식하고 사려 깊게 생각하는 능력을 갖춰야 한다. 다른 부류의 재능과 마찬가지로 몇몇 아이들은 이런 능력을 타고나지만 대다수 아이는 엄청난 노력 끝에 서서히 이런 능력을 습득한다.

예컨대 차를 타면 늘 안전벨트를 매고 자전거를 타면 늘 헬멧을 쓰는 초등학생 아이가 있다고 하자. 겉보기에 이 아이는 훌륭한 결정을 내린 것처럼 보이지만 실제로는 잘 형성된 습관을 따르는 것뿐이다. 어린아이는 부모가 설명해주더라도 안전벨트나 헬멧 착용의 중요성을 제대로 이해하지 못한다. 바람직한 행동을 습관적으로 하는 것과 좋은 판단을 내려서 하는 것은 엄연히 다르다.

어린아이는 어른의 언행이나 자신이 관찰해온 행동을 반복하면서 습관적으로 배운다. 초등학교 고학년이 되면 개인적인 경험과 연습을 통해서도 행동을 습득하기 시작한다. 아이가 습관을 바꾸기 위해서는 집행 기능을 활용해서 여러 대안을 파악하고, 각 대안이 타인에게 미치는 영향을 고려하고, 어떤 대안이 가장 좋은 결과를 낳을지 생각한 후에 그 대안을 실행할 방법을 찾아야 한다. 그런데 어떤 아이들은 여러 대안을 고려하지 않고 처음 떠오른 대안을 덥석 선택하는 경향이 있다. 즉각적인 해결책을 바라는 충동성 때문에 현명한 판단과 결정을 내리지 못하는 것이다.

행동에 따른 결과를 직접 경험하게 하자

부모가 자신이 어린 시절 저지른 실수를 아이가 반복하지 않길 바라는 마음에서 자꾸 얘기하는 것은 구해주기 함정에 빠지는 또 하나의 길이다. 어른들은 많이 실수해보고 그 경험에서 교훈을 얻었기에 같은 실수를 반복하지 않는다. 부모들은 말한다. "아이들이 저와 같은 실수를 저지르지 않기를 바라요." 하지만 아이가 실수해보지 않고 교훈을 얻을 방법이 있을까?

일부 성숙하고 성실한 십 대는 부모의 이야기를 듣고 부모의 경험에 공감하면서 교훈을 얻을 수 있다. 친구가 겪은 긍정적, 부정적 결과를 보고 교훈을 얻는 경우도 있다. 하지만 아이들은 직접 경험할 때 가장 잘 배운다. 대부분의 십 대는 '그런 일이 나한테 일어날리 없어'라는 마음 자세로 행동한다. 이런 아이들은 행동에 따르는 결과를 직접 경험해봐야 깨달음을 얻는다.

오늘날 아이를 기르는 부모는 배움의 결정적 시기를 아이가 잘 활용할 수 있도록 도울 방법을 찾아야 한다. 그러면 집행 기능을 수행하는 뇌 영역의 시냅스 연결망을 강화함으로써 뇌 발달을 증진할 수 있다.

십 대 자녀에게 갖가지 경험을 해보도록 자유를 주는 것은 부모로서 정말 두려운 일이다. 그렇다면 아이와 함께 행동과 선택에 따른 결과를 미리 간단히 얘기해보는 것도 좋다. 그러면 아이는 부모가 무엇을 기대하는지, 어떤 행동에 어떤 결과가 따르는지 확실히 인지할 수 있기 때문이다. 몇 가지 예를 살펴보자.

"귀가 시간을 넘겨서 집에 들어오면 앞으로 2주 동안은 친구와 외출 금지야."

"엄마 아빠가 너희들이 술을 마신 걸 알게 되면 앞으로 2주 동안은 친구와 외출 금지야."

"너나 다른 사람을 위험한 상황에 몰아넣으면 그만한 대가를 치르게 될 거야."

꼭 거쳐야 할 연습의 기회

즉각적인 만족에 길들여진 어린 세대는 부모와 교사, 연구자, 고용주 모두가 가장 중요하다고 꼽는 삶의 기술을 연습하지 못하고 있다. 이 삶의 기술을 연마하려면 시간과 노력이 필요하고, 그 과정에는 불편과 좌절이 따르기 마련이다. 하지만 그 과정을 거쳐야 무언가에 능숙해지기 위해서는 연습이 필요하다는 중요한 교훈을 얻을 수 있다. 이 교훈은 레이철 킨의 논문 〈아동기 문제 해결 능력의 발달: 필수적인 인지 기술〉의 주제이기도 하다. 아동 발달과 관련한 연구를 수없이 많이 검토하고 작성한 이 논문은 부모와 사회가 힘을 합쳐서 아이가 태어난 첫해부터 문제 해결 능력을 높이는 환경을 조성하고 그 기회를 부여해야 한다고 결론짓는다.[6] 이 논문에 따르면 놀랍게도 이제 갓 돌을 넘긴 어린아이도 기초적인 문제 해결 전략을 사용할 줄 안다.

청소년기가 문제 해결 능력의 기틀을 마련하는 중요한 시기라는 점을 부모가 이해한다면, 아이는 성인의 삶을 훨씬 수월하게 준비해 나갈 수 있다. 아이를 기르는 부모는 과도한 일정과 기술 의존, 노력보다 성과를 보상하는 문화 때문에 아이가 발달 과정에서 누려야 할 기회를 누리지 못하고 있다는 점을 염두에 둬야 한다. 오늘날 부모가 아이에게 줄 수 있는 최고의 선물은 바로 스스로 생각하는 법을 배우기 위한 충분한 연습 기회다.

아이의 집행 기능을
잘 키워주고 싶은 부모에게

현재 상황

아이들은 최신 기기를 능숙하게 다루면서 일상에서 마주하는 대부분의 문제를 기술에 의존하여 해결한다. 더불어 부모들이 입시 경쟁에 골몰하다 보니 아이들은 자신감과 독립성, 타인에 대한 배려를 갖춘 성인으로 자라기 위해 꼭 필요한 집행 기능을 키울 결정적 시기를 놓치고 있다.

잠깐 생각해보기

오늘날에는 집행 기능의 발달을 가로막는 일이 너무나도 많다. 특히 부모가 아이를 어려운 상황에서 구해주거나 아이의 문제를 대신 해결해주거나 아무 대가 없이 값비싼 물건을 사주거나 기술의 편의에 지나치게 의존하는 것 등이 여기에 포함된다.

조언

청소년을 상담하며 깨달은 사실은 삶 속에서 행동의 결과를 직접 경험해보는 것이 청소년의 집행 기능 발달에 가장 큰 도움을 준다는 점이다. 자신이 부모보다 더 잘 알고 있다고 느끼는 청소년들은 말할 것도 없다. 일상에서 아이가 행동에 따른 결과를 직접 경험하게 하자.

1. 청소년 자녀가 해야 할 일을 대신 해주지 말자. 아이가 시험공부를 하지 않거나 과제를 제때 끝마치지 못할 때 그것에 따른 결과와 실망감, 죄책감을 경험해보도록 허용한다.

2. 청소년 자녀가 체육복이나 준비물을 챙겨가야 한다면 도움이 필요한지 물어보자. 아이가 도움을 거부한다면, 미리 계획하지 않거나 게으름을 부려서 생긴 문제는 스스로 대처하게 내버려둔다. 아이는 뭔가 방법을 찾아야 할 것이다. 그 결과로 당혹감을 느끼거나 스트레스를 받은 아이는 다음번엔 그런 상황이 생기지 않도록 미리 준비해둘 것이다. 아이가 부탁하지도 않은 일을 대신 해주지 말자.

3. 청소년 자녀에게 어떤 행동이나 선택(귀가 시간을 어기거나 형편없는 성적을 받거나 수업을 빼먹거나 술을 마시거나 무례하게 굴거나 부모에게 말한 것과 다른 장소에 가는 등)에 따르는 결과를 미리 알려주자.

Teaching Kids to Think

3부

성공하는 어른으로 자라날
우리 아이의 삶의 기술

5장

자기주도 학습력

교육 전문가가 꼽은
'성공적인' 학생의 특성

한 부모가 이런 말을 전해온 적이 있다. "저희 아들이 올해 대학에 입학했는데 적응을 못 하고 집에 돌아오고 싶어 해요. 고등학교에서는 늘 성적이 좋았고 AP 수업(대학교 1학년 수준의 수업을 선행하는 과정—옮긴이)도 여럿 수료했는데 지금은 몇몇 수업에서 낙제점을 받고 있어요. 아이는 한 해 쉬고 내년에 다른 학교로 옮기고 싶대요."

아이가 고등학교를 마치고 학사 이상의 학위를 받는 것은 대다수 부모에게 매우 중요한 목표다. 사실 미국만 해도 세계 어느 나라보다 고등 교육에 돈을 많이 쓰며 그 금액도 매년 증가하고 있다. 하지만 4년제 대학 입학생의 30퍼센트가 첫해를 마치기도 전에 대학

을 떠나며, 4년 안에 학위를 받는 비율은 60퍼센트밖에 안 된다.[1]

우리는 매년 많은 부모로부터 성인이 된 자녀가 성인으로서 해야 할 일을 제대로 감당하지 못한다는 전화를 받는다. 부모들은 이제껏 아이가 이룬 성취를 열거하면서 아이가 부모가 기대한 대로 삶을 이끌어가지 못하는 모습에 실망하고 좌절한다. 그리고 어떻게 이끌어줬어야 성인으로서 더 잘 적응했을지 궁금해한다.

부모들은 요즘 대학 입시가 10~20년 전보다 훨씬 더 어렵다는 것을 잘 알고 있다. 가을이 되면 뉴스 헤드라인에는 어김없이 그해 대학 입시 경쟁률이 몹시 치열하다는 기사가 실린다. 《뉴욕 타임스》에 실린 한 기사는 "올해 명문 대학 지원자 수가 최고치를 경신하여 불합격 비율이 높아질 것으로 예상되는 가운데 많은 학생들의 희망이 좌절될 것으로 보인다"로 시작됐다.[2] 이런 이유로 아이가 입시 경쟁에서 뒤처지지 않게 하려고 부모는 과외나 보충수업으로 학업을 보강해준다. 그러다 보면 어느새 아이는 빡빡한 일정에 스트레스를 받기 십상이다.

우리는 이 책을 쓰는 과정에서 여러 교사를 인터뷰했는데, 교사들은 하나같이 요즘 학생들이 예전에 비해 훨씬 열의가 없고 의존적이며 불안해한다고 말했다. 아이가 고등 교육의 어려움을 잘 이겨내도록 도와주려는 부모의 노력이 오히려 정반대의 결과를 낳고 있는 것이다. 만약 내신 성적이나 SAT 점수, AP 수업이 대학 생활

성공하는 아이는 넘어지며 자란다

을 준비시켜주지 않는다면 무엇이 도움이 될까?

우리는 미국 전역의 교사에게 성공적인 대학 생활을 가장 잘 예측하게 해주는 요인이 무엇이라고 생각하는지 물었다. 교사들은 매우 일관되게 몇 가지 성격 특성을 꼽았다.

- 회복탄력성과 스트레스 관리 능력

- 내적 동기

- 끈기와 인내심

- 의사소통 능력을 비롯한 사회적 기술

- 문제 해결 능력과 비판적 사고

- 책임감

IQ나 내신 성적, '우등생' 같은 자격 조건은 예측 요인으로 언급되지 않았다는 점에 주목하자. 사실 구체적인 점수나 수치 혹은 객관적인 성취를 언급한 교사는 아무도 없었다. 모든 교사가 어려움에 대처하는 능력을 강조했다. 한 교사는 간단히 말해서 '실패하고 분투하는 과정을 배움의 한 부분으로 받아들이는' 학생이라고 답했다.

한 고등학교 교사는 학생들에게 또래 친구 중 학생으로서 훌륭한 친구들은 어떤 특징이 있는지 꼽아달라고 부탁했다. 학생들의 견해는 교사들과 다르지 않았다. 학생들은 회복탄력성이 좋고, 예의 바르게 자기주장을 할 줄 알고, 의지가 강하고, 하고자 하는 일에 전념하는 점을 꼽았다. 또 대학 생활이나 직장 생활에 대비해서 습득해야 할 기술로는 시간 관리, 학습 및 사회적 기술을 꼽았다.

　성격 특성의 중요성은 교사와 학생뿐만 아니라 연구물에서도 발견되었다. 중학생을 대상으로 실시한 연구에 따르면 자기 조절을 잘하는 학생은 충동적인 학생에 비해 학업 전반에서 뛰어난 모습을 보였다.[3] 여기에는 내신 성적, 학업 성취도 평가 점수, 명문 고등학교 합격률, 출석률이 포함됐다. 성적 및 시험 점수, 명문 학교 진학률을 높이려면 스스로 문제를 해결할 수 있다는 자신감과 책임감을 가르쳐야 하는 것이다. 당연한 결과다. 자신에게 문제를 해결하고 목표를 향해 나아갈 능력이 있다고 믿는 아이는 해결책이 주어지기를 기다리기보다 스스로 해결책을 찾으려 할 것이다. 반면 문제가 빨리 해결되기만을 바라는 아이는 과제를 하다가 막히면 누가 알려주기를 기다리다가 과제를 완성도 있게 끝내지 못할 것이다.

　또 다른 연구는 성실성(계획성, 자제력, 책임감이 포함된다)이 고등학교 및 대학교의 평균 점수를 가장 강력하게 예측하게 해주는 요인이라고 밝혔다.[4] 따라서 아이가 앞서가도록 떠밀거나 아이가 저지른 실수가 성적에 악영향을 미치지 않도록 구해주는 것은 아이에게 전혀 도움이 되지 않는다. 이런 행동은 교육 전문가와 연구물이 일관되게 성공적인 요인으로 꼽은 성격 특성을 약화시킨다.

　성공하는 아이는 넘어지며 자란다

우리와 인터뷰한 교사들은 오늘날 학생들이 자제력이 부족하고 특히 숙제를 할 때 빨리 해답을 얻으려 한다고 말했다. 한 고등학교 교사는 "구글에서 답을 찾을 수 없는 문제 앞에서 학생들은 어쩔 줄 몰라 한다"라며 문학 작품 속 두 사건의 연관성을 물었을 때의 이야기를 들려줬다. 그 교사는 학생들에게 답에는 옳고 그름이 없으니 각자 생각해보라고 말했다. 하지만 절반이 넘는 학생이 교사의 질문을 문자 그대로 구글 검색창에 넣고 검색했다. 자기 견해를 묻는 질문에 학생들이 자동적으로 보인 반응이었다. 아이들은 스스로 생각할 의사(혹은 능력)가 없었고 어딘가에서 재빨리 해답을 찾으려 했다.

즉각적인 만족 추구, 과잉육아, 아이 구해주기와 같은 세태는 자기 조절을 잘하는 학생이 학업 전반에서 뛰어나다는 점을 명확히 보여주는 연구 결과들과 모든 면에서 배치된다. 이런 세태의 이면에는 지능이 성공을 예측하는 가장 중요한 요인이라는 생각이 깔려 있다. 하지만 이런 생각은 교사, 관리자, 고용주의 견해와 여러 연구 사례에 따르면 옳지 못하다.

지능을 둘러싼 오해

고등학교 교사들은 AP 수업이나 우등반이 학생의 지위를 상징할 때가 많다고 말한다. 부모들은 아이가 해당 과목에 뛰어나지도 않고 일정상 여유가 없을 때조차 우등반 수업을 듣는 게 더 유리하다고 생각한다. 그러다 보면 일반 학급에서라면 우수한 성적을 받을 수 있었을 학생이 우등반 수업에서 낮은 성적을 받는다. 그렇다면 굳이 아이를 우등반에 넣으려고 밀어붙일 이유가 없지 않을까?

우리는 교사와 부모와의 인터뷰에서 갓 성인이 된 사람이 갖춰야 하는 자질을 물었을 때 '지능'이나 '똑똑하다'라는 단어가 한 번도 언급되지 않아서 흥미로웠다. 하지만 아이가 부모와 목표 대학을 두고 이야기할 때는 이런 단어가 자주 언급된다. 부모들은 똑똑한 아이를 손쉽게 지목하며 그런 아이들이 대학과 그 이후의 삶에서 성공을 거두리라고 생각한다. '지능'이나 '똑똑하다'라는 단어에는 엄청나게 많은 가정이 따라붙는다.

'똑똑하다'라는 단어는 사람의 특성을 묘사하는 단어로 자주 사용된다. 이 단어는 또 굉장히 다양한 의미로 쓰인다. 아이들은 성적이 좋은 친구를 '똑똑하다'고 말한다. 한편 성인이 동료의 아이디어를 두고 '스마트하다'고 말할 때는 동료의 생각이 독창적이거나 효과적이라는 뜻을 담고 있다. 부모가 자녀를 두고 "성적으로 나타나진 않지만 똑똑한 아이"라고 말할 때는 그것이 학업 성적에 기초한 판단이 아님을 드러낸다. 딕셔너리닷컴의 정의에 따르면 '똑똑하다'라는 단어는 "두뇌 회전이 빠르고 지적 능력이 뛰어나다"라는 뜻이다.[5] 사람들은 대개 이 단어를 지능이 높다는 의미로 사용한다.

그렇다면 지능은 무엇이고 어떻게 측정할까? 인지심리학에서는 수십 년간 이 질문에 대한 답을 찾아왔다. 그동안 수많은 지능 이론이 발전해왔다. 지능을 측정하는 단일 지표를 파악하려는 시도도 있었고, 서로 상호작용하면서 전체 지능을 이루는 여러 능력을 파악하려는 시도도 있었으며, 다양한 종류의 지능이나 정서 지능을 밝혀내려는 시도도 있었다.[6] 누군가가 똑똑하다고 말할 때 그 말에는 어떤 의미가 담겨 있을까? 공부를 잘한다는 뜻일까? 세상 물정에

밝다는 뜻일까? 사회성이 좋다는 뜻일까? 아니면 이 모든 것을 아우르는 것일까? 아니면 여기에 또 다른 능력이 포함되는 것일까?

아이들이 생각하는 '똑똑하다'는 말

지능을 둘러싼 논쟁의 결과와 상관없이 아이들은 똑똑한 게 좋은 것이고, 성적이 좋으면 똑똑한 거라고 생각한다. 아이들은 똑똑한 아이들은 학교 공부가 너무 쉬워서 공부를 그다지 열심히 하지 않아도 된다고 얘기하곤 한다. 이 논리에 따르면 학교 공부가 어려운 아이는 똑똑하지 않은 것이다. 분명한 것은 아이들이 주위에서 이런 메시지를 받아들이고 있다는 점이다.

이런 메시지는 아이들에게 해로울 뿐 아니라 즉각적인 만족을 추구하는 성향을 강화한다. 열심히 공부해야 A를 받을 수 있는 학생은 똑똑하다는 평가를 받지 못한다. 이는 애써 노력하지 않고도 손쉽게 무언가를 얻는 사람을 무심코 칭찬하는 결과로 이어진다. 좋은 성적을 얻으려고 쏟아부은 노력을 칭찬해주는 것이 아니라 결과물인 성적 자체를 보상하는 것이다.

'쉽게 해내는 사람이 똑똑한 사람'이라는 생각은 즉각적인 만족 추구를 부추길 뿐만 아니라 집행 기능의 중요성을 정면으로 반박한다. 좋은 성적을 받으려고 열심히 노력하는 과정에서 학생은 스스로 동기를 부여하고 주도적으로 계획을 세우고 끈기를 발휘해야 하는데, 이 모두는 집행 기능의 주요소다. 오늘날 즉각적인 만족에 길들여진 아이들은 '쉽고 편한 게 좋은 것'이라는 오해에 빠지기가 너무 쉽다. 그래서 똑똑하다는 말을 쉽게 이해하고 받아들이는 능력으로 여긴다. 하지만 이것은 잘못된 생각이다.

성적 좋은 아이에게 해주는 말

우리는 어려서부터 글과 숫자를 빨리 배워서 똑똑하다는 말을 들어온 청소년을 여럿 상담해왔다. 하지만 중학교에 가서 학습량이 많아지면 공부는 더 어려워진다. 중학생은 교과서에서 다루는 내용을 배울 뿐만 아니라 호흡이 더 긴 수업에 참여해야 하고, 배우는 교과목의 숫자도 늘고, 중간고사나 기말고사와 같은 종합적인 시험에 대비해 공부해야 한다. 다시 말해서 초등학교 시절에는 필요하지 않던 공부 기술이 필요해진다. 이런 아이들은 어린 시절에 학교 공부가 너무 수월했던 나머지 좋은 학생이 되는 법을 배우지 못한다.

따라서 성적이 뛰어난 학생에게는 똑똑하다는 언급을 피하고 과제나 시험에 쏟은 노력을 칭찬한다.

"정말 오랜 시간 앉아서 공부하는구나. 끈기가 대단해."

"과제를 일찌감치 시작하다니 정말 훌륭하다."

"열심히 공부하고 과제에 공을 들이더니 좋은 성적을 받았구나."

결과물보다 중요한 것

부모 입장에서는 아이의 성취를 보여주는 객관적인 지표에 눈길이 가기 마련이다. 하지만 성적표에 적힌 등급, 시험 성적, 학업 성취도, 우등반에 배정된 과목 수는 전부 '결과물'이다. 반면 '과정'은 목표에 도달하기 위해 기울인 노력과 준비, 계획, 주도성, 문제 해결이다. 과제를 완수하거나 무언가를 배우려면 이런 학습 기술과 능력이 필요하다.

하지만 학습 기술을 습득하기까지는 시간과 노력이 필요하다. 아이들은 학습 기술을 습득하는 과정에서 실망하고 좌절하고 불안해할 수 있다. 특히 스스로 공부에 자신이 없는 아이라면 더욱 그럴 것이다. 사실 아이들은 똑똑한 친구 이야기를 할 때 감탄하는 경우가 많다. 부모 입장에서는 "우리 애가 수학 우등반에 들어갔어요"라고 말하는 게 "우리 애가 과제 제출 마감일을 놓쳤는데, 성적을 끌어올릴 방법을 찾으려고 선생님께 상담을 신청했어요"라고 말하는 것보다 마음이 더 편할 것이다.

하지만 아이가 선생님과 약속을 잡고 추가 과제를 해보려고 시도할 때 필요한 의사소통 능력, 계획성, 주도성은 그 수업을 마친 후로도 아주 오랫동안 귀중한 삶의 기술로 남을 것이다. 이런 기술은 교육 전문가들이 성인기 이후의 성공적인 삶을 예측하게 해주는 주요인으로 꼽은 특성이기도 하다.

지표가 모든 걸 말해주지 않는다

아이가 성적처럼 객관적인 지표에서 뛰어난 모습을 보이면 부모는 자랑스러울 것이다. 하지만 이런 지표를 전반적인 판단의 근거로 삼으면 아이의 자아정체성에 악영향을 미친다. 예를 들어 캘리포니아주에서는 영재교육 프로그램을 운영한다. 이 프로그램은 한 번의 자격 검사에서 특정 점수 이상을 받은 학생을 영재로 분류하고, 학구에 따라서 더 높은 수준의 학습 기회를 제공한다. 그런데 캘리포니아 학생들이 영재로 인정받기 위해 치르는 검사는 시각적 문제 해결 검사 하나뿐이다. 다시 말해서 한 번의 검사에서 나온 하나의 점수가 갖가지 가정의 전제가 된다.

영재로 분류된 학생은 더 똑똑하고 우수하며 또래보다 어려운 과제에 도전할 수 있다는 가정이 따라붙는다. 하지만 실제로 이 검사의 목적은 단순히 시각적 문제 해결에 뛰어난 학생을 선별하는 것이다. 언어나 청각적 문제 해결에 뛰어난 학생은 영재로 분류되지 못한다. 그 결과 학생들은 자신의 학습 유형을 발견해 극대화하도록 격려받지 못하고 자신이 똑똑하다는 걸 못 알아차린다. 게다가 지능이 객관적인 측정치로 결정된다고 여긴다.

따라서 부모가 아이와 소통하면서 이런 메시지를 심어주지 않는 것이 정말 중요하다. 대신 부모는 각 검사의 점수가 무엇을 의미하는지 설명해줘야 한다. 예를 들어 "영재 프로그램에 들어간 아이는 시각 퍼즐을 잘 푸는 거야"라든지 "그 아이들은 수학 실력이 정말 뛰어난 거야"라고 말해준다.

아이와 성적을 두고 이야기할 때는 객관적으로 '좋은' 성적이 아니라 '긍정적인' 성적을 칭찬하고 보상해준다. 아이가 수학을 잘할 때는 A가 긍정적인 성적이다. 반면 수학을 어려워하는 아이에게는 B가 많은 노력을 기울여야 얻을 수 있는 긍정적인 성적일 수 있다. 만약 조금만 실수해도 점수가 떨어지는 과목이 있는데 학기 초에 시험 점수로 C를 받았다면 이때도 B가 긍정적인 성적일 수 있다.

초등학교에 간 우리 아이

우리 아이가 초등학교 1학년이었을 때 아침 독서 시간에 자원봉사를 한 적이 있다. 매일 수업의 첫 20분간 1학년 아이들에게 소리내어 책을 읽게 하고 책 내용을 물어봤다. 우리 아이는 아직 문고본을 읽지 않는 단 세 명의 학생 중 하나였다. 교사는 이처럼 많은 학생이 앞선 수준의 책을 읽는 경우가 드물기는 하지만 예전보다는 흔해졌다고 말했다. 그러면서 아이들이 자기 학년보다 더 높은 수준의 책에 있는 단어를 읽을 줄은 알지만 대체로 그 뜻을 제대로 이해하지는 못한다면서 이런 추세가 아이들에게 그다지 유익하지 않은 것 같다고 덧붙였다. 교사는 아이가 어려운 단어를 읽을 줄 알아도 스스로 이해할 수 있는 수준의 책을 읽는 게 훨씬 유익하다고 말했다.

교사들로부터 이와 비슷한 이야기를 자주 듣는다. 또 다른 1학년 교사는 아이가 이해하고 기억할 수 있게끔 지금보다 쉬운 책을 보내야 한다는 얘기를 부모들에게 지속적으로 해야 한다고 말했다. 그러면서 부모들은 아이가 수준 높은 책을 읽을 줄 안다는 사실이 매우 자랑스러워서 읽은 내용을 이해해 자기 것으로 만드는 연습이 필요하다는 점은 잊는다고 지적했다.

독서는 책에서 접한 내용을 기존 지식과 연관 짓고 통합하고 기억하고 분석하고 토론하는 등 다양한 능력을 요구하는 문제 해결 과제다. 아이는 자신의 발달 단계에 적합한 책을 읽어야 생각하는 능력을 기를 수 있다. 하지만 그러려면 약간 '쉽게' 느껴지는 책을 읽혀야 한다. 아이를 앞서가게 하려고 어려운 책을 읽히면 아이는 읽은 내용을 제대로 이해하지 못하고 생각하는 능력을 기르지 못한다.

수학도 마찬가지다. 수학에서는 문제를 빨리 푸는 아이가 수학을 잘하는 것처럼 보이기 쉽다. 하지만 어떤 아이는 수학 문제를 풀면서 그 원리를 파악하기 때문에 문제를 푸는 속도가 다른 아이들에 비해 느릴 수 있다. 이런 아이는 굉장히 중요한 사고 기술을 습득하고 있는데도 문제를 빨리 푸는 학생처럼 똑똑하다는 평가를 받지 못한다.

성공하는 아이는 넘어지며 자란다

초등학교에 입학하면서부터 부모와 아이는 모두 객관적인 지표를 비교하게 되고 또래보다 뒤처지면 불안감을 느끼게 된다. 제아무리 비교가 불가피한 상황이라고 해도 부모는 아이가 또래와의 차이를 다양하게 해석할 수 있도록 가르쳐줄 수 있다. 열심히 공부해도 노력에 비해 낮은 성적을 받는 아이가 있다. 그러면 아이는 결과에 실망해서 스스로 똑똑하지 않다고 생각할 수 있다. 이럴 때는 구체적인 예를 들어 사람마다 잘하는 게 다를 수 있음을 알려준다.

"성적은 그 성적을 받은 학생이 얼마나 똑똑한지를 알려주는 게 아니야. 그냥 그 과목에 얼마나 뛰어난지를 알려줄 뿐이지. 수학에서 A를 받은 친구가 다른 친구들에 비해 더 똑똑한 건 아니야. 그냥 수학을 잘하는 거지. 역사에서 A를 받은 친구도 마찬가지야. 그냥 역사를 잘하는 것뿐이야. 축구팀 주장이라고 해서 그 친구가 다른 친구들보다 더 똑똑하다고 볼 순 없어. 그냥 축구를 잘하는 거지. 그러니까 과학에서 높은 점수를 받은 친구들이 너보다 똑똑하다고 말할 수는 없어. 과학이 그 친구들에게 잘 이해되는 것뿐이야."

중학교에 간 우리 아이

중학교에 입학하면 교과목 수가 늘고 성향이 다른 여러 교사의 기대를 맞추는 법도 배워야 한다. 아이에게는 만만치 않은 일이다. 더불어 부모가 직접 교사와 소통하는 빈도가 줄면서 학생이 책임지고 해야 할 일이 늘어난다. 따라서 이 시기를 잘 헤쳐 나가도록 부모가 아이를 도와주면 아이는 스스로 생각하고 문제를 해결하는 방법을 배울 수 있다.

앞 장에서 살펴봤듯이 중학생 시절은 뇌에서 집행 기능이 발달하는 결정적 시기다. 물론 처음 몇 달 혹은 몇 년간은 아이가 좌충우돌할 수도 있다. 지극히 정상이다. 우리는 중학생 시기를 '연습기

practice years'라고 즐겨 부른다. 아이가 중학생이 되면 부모는 아이 어깨너머로 아이를 감시하기가 어려워진다. 굉장히 고무적인 현상이다. 중학생 시기는 고등학교에 들어가기 전에 실수도 해보고 이런 저런 시도를 해볼 기회가 된다.

우리 아이가 중학교에 입학하고 나서 두 달이 지난 어느 날이었다. 아이가 내일 중간고사를 치른다고 말했다. 우리의 대화는 이렇게 흘러갔다.

"공부는 했니?"

"아니요. 안 해도 다 알아요."

"그래? 교과서 세 챕터랑 필기한 거랑 어휘 목록 전부 다?"

"네."

"음, 알았어. 시험공부를 안 해도 괜찮은지 한번 두고 보자."

그로부터 사흘 후 아이는 멋쩍은 얼굴로 시험지에 서명을 받아가야 한다고 말했다. 아이는 F를 받았다. 우리는 이렇게 말해줬다.

"그럼 이제 그 방식은 안 통한다는 걸 알았지? 다음번엔 그러지 말자."

우리는 아이에게 시험공부를 해야 한다고, 점수가 안 나오면 외출 금지라고 말할 수도 있었다. 하지만 아이가 시험공부를 안 해도 괜찮을 거라고 굳게 믿고 있었기 때문에 아이가 자기가 내린 판단의 결과를 직접 겪어보고 교훈을 얻길 바랐다. 만약 우리가 시켜서 시험공부를 했더라면 아이는 목표 점수를 받기 위해서 어떻게 공부해야 하는지 배우지 못했을 것이다. 우리 역시 아이의 계획을 우리가 책임지는 실수를 저지를 뻔했다.

이것이 '연습기'의 장점이다. 그렇다. 우리 아이는 F를 받았고 그것 때문에 평균 점수가 많이 깎였다. 하지만 중학생이기 때문에 장기적인 영향은 미미했고, 그 경험으로부터 배운 교훈은 훨씬 더 오래 영향을 미칠 것이다. 우리와 자주 대화를 나누는 한 중학교 상담교사는 이렇게 말했다. "부모가 책임지기 시작하면 아이는 책임을 질 필요가 없어져요. 그리고 책임을 회피할 거고요."

구해주기보다는 이끌어줘야

중학교에 다니는 시기는 여러 가지 변화로 힘겨워하거나 크게 뒤처질 수 있는 시기이기도 하다. 이때 부모는 아이가 웹 사이트에서 필요한 정보를 얻고 플래너를 활용하고 공부 습관을 만드는 등 체계적이고 일관되게 할 일을 해내게끔 이끌어줄 수 있다. 이처럼 생산성을 높이고 시간을 관리하는 요령은 대개 배워야 터득할 수 있다.

이 요령을 처음 익힐 때는 부모의 도움이 필요하며 대체로 아이

성공하는 아이는 넘어지며 자란다

는 실수하기 마련이다. 하지만 이때 부모가 아이를 구해줘서는 안 된다. 다음에 제시한 행동을 하나라도 한다면 부모가 아이를 이끌어주기보다는 구해주고 있다고 볼 수 있다. 스스로를 체크해보자.

- ☐ 아이의 문제로 선생님에게 전화를 건다(중학생이라면 부모가 나서기 전에 아이가 직접 선생님과 대화하거나 연락을 취해야 한다).
- ☐ 아이가 과제를 제때 제출하지 못한 이유를 아이 대신 선생님에게 설명한다.
- ☐ 아이의 성적을 올릴 방법을 찾으려고 선생님에게 연락한다(이 문제 역시 학생이 문의해야 한다).
- ☐ 선생님의 이야기는 들어보지도 않고 아이의 이야기와 관점을 그대로 받아들인다. 예를 들어 아이가 선생님의 평가가 불공평하다고 말할 때 그 말을 곧이곧대로 듣는다.
- ☐ 아이의 수업 일정이나 담당 선생님을 바꾸려고 학교에 전화한다.
- ☐ 담당 선생님과 먼저 이야기해보지 않고 교장을 찾아간다.
- ☐ 아이 앞에서 선생님을 두고 불만을 토로한다.

대다수 교사는 부모가 아이의 말을 확인 절차 없이 곧이곧대로 받아들여서 교사를 비난할 때 몹시 견디기가 힘들다고 말한다. 아이들이 자신에게 유리하게 이야기할 때가 많다는 점을 고려하면 교사들의 고충은 충분히 이해할 만하다.

부모의 반응에 따라
아이가 얻는 교훈

부모가 이 어려운 시기에 어떻게 접근하느냐에 따라서 아이가 스스로 자기 일을 책임지는 습관이 다르게 형성된다. 다음 사례를 보면서 부모의 반응에 따라 아이가 배우는 교훈이 얼마나 달라지는지 보자.

중학생인 닉을 가르치는 한 선생님은 꼼꼼한 성격이 아니어서 학생의 과제를 잃어버리는가 하면, 웹 사이트 관리를 게을리하기도 했다. 닉은 이 선생님이 가르치는 수업에서 C를 받았는데 닉의 부모는 온라인 성적표를 살펴보다가 아이가 여러 번 과제를 제출하지 않은 사실을 발견했다. 닉은 분명 과제를 한 번 제출한 적이 있는데 왜 영점 처리가 됐는지 모르겠다고 말했다. 또 다른 과제는 선생님이 웹 사이트에 공지해주지 않아서 과제가 있는 줄 몰랐다고 말했다. 그리고 선생님이 정말 부주의해서 다른 아이들도 과제를 다 잊었다고 말했다.

부모의 대처 1

교사에게 화가 난 닉의 부모는 이메일을 보내서 수업이 너무 허술하게 운영된다고 불평한다. 그러면 교사는 과제 점수를 입력하지 못한 것은 실수였다며 사과할지 모른다. 또 웹 사이트에 매번 과제를 올리지는 못하지만 수업 시간 중에 공지한다고 이야기할 수도 있다. 어쩌면 뒤늦게나마 과제 제출 기회를 줄 수도 있다. 그러면 닉은 성적이 올라갈 것이고, 닉의 부모는 문제가 해결되었다면서 안도감을 느낄 것이다.

하지만 이런 식으로 문제를 해결한다면 닉은 자기 문제를 스스로 해결하는 방법을 전혀 배우지 못할 것이다. 오히려 과제를 따로 적어두지 않은 잘못을 반성하지 않고 계속해서 편리한 웹 사이트에 의존할 것이다. 닉은 문제 해결 방법을 고민할 필요도 없다. 부모에게 얘기하면 부모가 알아서 해결해주기 때문이다.

부모의 대처 2

부모는 닉에게 말한다. "과제는 학생인 네가 책임져야 할 일인데 그러지를 못했구나. 과제를 안 해서 성적이 낮아졌으니 성적이 다시 좋아질 때까지는 친구들과 놀 수 없어." 부모의 말에 충격을 받은 닉이 과제를 제출하지 못한 건 자기 잘못이 아니니 그런 결정에는 동의할 수 없다고 말한다면 부모는 "좋아. 그럼 너는 어떻게 하고 싶니?"라고 묻는다. 닉은 교사에게 얘기해서 실수로 누락된 과제의 점수를 받는다. 교사는 닉에게 수업 시간에 과제를 내준다는 점을 다시 한번 일러줄 것이고(어쩌면 놓친 과제를 보충할 기회를 줄 수도 있다), 닉은 이 선생님의 수업에서는 웹 사이트에 의존해서는 안 된다는 점을 배울 것이다. 더 나아가 닉은 수업 시간에 내준 과제를 플래너에 적어놓기로 결심한다. 이 과정에서 닉은 문제를 해결하고, 갈등을 해소하고, 의사소통하며, 계획하고 준비하는 법을 배운다.

문제에 대처하는
주도권을 아이에게

교사가 학생에게 무리한 요구를 할 때가 있다고 생각될 때는 그 상황을 문제에 성숙하게 대처하는 법을 가르치는 기회로 삼자. 먼저 교사가 아이를 모욕하거나 상처를 입히거나 위해를 가하지 않는지 확인한다. 만약 그런 일이 있다면 그때는 부모가 아이를 위해 나서야 한다. 하지만 그런 상황이 아니라면 아이와 "어떻게 하면 좋을까?", "어떻게 대처할래?"라며 이야기를 나눠보자.

- **1단계:** 일단 아이가 선생님에게 다가가서 문제와 관련된 정보를 더 얻도록 한다. 선생님이 아이의 태도를 선뜻 받아들인다면 아이가 더 나아가 이 문제를 선생님과 의논하도록 한다.
- **2단계:** 선생님이 선뜻 받아들이지 않는 경우, 아이와 함께 이메일 초안을 작성하

되 아이 대신 부모가 이메일을 보내지는 않는다. 이메일에는 아이가 이 문제를 어떻게 이해하고 있는지, 이 문제에 각자가 어떤 역할을 하고 있는지를 이야기하고 어떻게 문제를 해결하면 좋을지 제안한다. 문제 해결 자체보다는 아이가 자기 일을 끝까지 마치게 해보려는 의도로 이메일을 보낼 수도 있다. 예를 들어 아이는 늦게 제출한 과제에 대해서는 점수를 받지 못하겠지만, 그럴더라도 늦게나마 과제를 제출해서 학생으로서 책임감 있는 모습을 보일 수 있다.

- **3단계:** 이메일로는 소통이 잘 안 된다면 부모와 아이, 교사가 함께 만나서 얘기를 나눠본다.

- **4단계:** 만나서도 문제가 해결되지 않고 아이와 교사가 정말 잘 맞지 않는 경우라면 어려운 상황을 최대한 책임감 있게 서로 존중하면서 '헤쳐 나갈' 방법을 의논한다. 그리고 아이가 이렇게 어려운 상황에서도 노력한 점을 크게 칭찬해주고, 아이가 학기를 보내면서 성과를 보인 대목에 주목한다. 아이와 한편이 돼서 선생님을 두고 이러쿵저러쿵 불평을 늘어놓으면 안 된다. 대신 선생님의 수업 방식이 아이가 선호하는 방식과 어떻게 다른지를 두고 대화를 나눠본다. "그래, 네가 선생님에게 불만이 있는데도 최선을 다해서 해야 할 일을 해내다니 엄마는 네가 정말 자랑스러워."

고등학교에 간 우리 아이

고등학교에 입학하면 성적에 대한 불안감이 하늘을 찌른다. 그리고 우등반 수업 따위를 두고 부모가 아이보다 몸이 달아오르는 때가 많다. 사실 아이가 우등반에 들어갈 준비가 됐다면 교사가 먼저 추천할 것이고 아이는 일반 학급에서 두각을 나타내면서 그 과목을 좋아하고 있을 것이다. 우등반 수업 방식이 아이의 학습 방식과 잘 맞고 아이가 우등반에서 잘해낸다면 좋은 일이다! 하지만 그렇다고 해서 아이가 지능이 높다거나 대학에서도 잘하리라고 섣불리 가정해서는 안 된다. 물론 고등학교에 다니면서 우등반이나 AP 수업을 수강할 만한 수준에 오르지 못하는 아이들도 있지만 그래도

성공하는 아이는 넘어지며 자란다

괜찮다. 앞서 살펴본 것처럼 부모는 우등반이나 AP 수업을 지위의 상징으로 받아들여서 아이를 밀어붙이지 않도록 유의해야 한다. 결과를 강조하면 배우는 과정을 즐기지 못한다.

특히 고등학생 때는 구해주기 함정에 빠지기가 더더욱 쉽다. 부모는 이제 몇 년 안 남았으니 뒷바라지를 조금만 더 해주자고 다짐한다. 고등학교 시절의 기록은 대입에 직접적인 영향을 미치기 때문에 아이를 구해주고 싶은 유혹은 어느 때보다 강렬해진다. 부모는 이제 마지막으로 뒷바라지를 조금만 더 해주면 아이가 만반의 준비를 갖추게 되리라고 생각한다. 하지만 아이를 구해줘 버릇하면 준비가 제대로 되지 않는다. 번번이 구출되기만 하는 아이는 애써 노력하지 않게 되고 자신감도 키우지 못한다. 반면 자신감 있는 아이는 새로운 것에 도전하면서 난관에 부딪혀도 물러서지 않는다.

오랜 세월 선생님이자 상담가로 살아온 동료가 이런 조언을 해줬다. "아이들은 자기 능력을 십분 발휘해야 하는 수업을 들으면서 축구 연습이나 음악 동아리 활동을 할 여유가 있어야 하고, 집에 돌아와서는 가족들과 둘러앉아 이야기를 나눌 기운이 남아 있어야 해요. 그래야 균형이 잡혔다고 볼 수 있죠." 굉장히 훌륭한 지침이다. 이 지침을 따르면 아이가 개인적으로 좋아하는 활동도 하면서 청소년기에 반드시 키워야 하는 집행 기능과 타인에 대한 배려까지 연습할 수 있다.

아이의 발달 속도가 저마다 달라서 다른 또래와 비교해서는 안 된다면, 내 아이가 발달 단계상 적절한 속도로 자라고 있는지는 어떻게 확인할 수 있을까? 다음 질문에 답하면서 부모로서 아이를 너무 빨리 밀어붙이고 있지는 않은지 살펴보자.

- 아이가 학교 공부에 대해서 뭐라고 말하는가? 너무 쉽다거나 어렵다고 말하는가?
- 공부 이야기를 하면 아이가 스트레스를 받는가?
- 아이가 공부하는 도중에 쉽게 좌절하는가?
- 아이가 특히 학기 중에 복통이나 다른 신체 증상을 호소하는가?
- 아이가 과제를 하면서 자주 눈물을 보이는가?
- 아이가 자기는 똑똑하지 않다거나 공부를 잘 못한다고 말하는가?

만약 이 질문들에 그렇다고 대답했다면 아이는 최적의 학습 수준을 벗어나 있으므로 그 불안감이 어디에서 비롯되는지부터 확인해야 한다.

성공하는 아이는 넘어지며 자란다

우리 아이는 어떤 학생일까?

아이가 학업에 열정을 갖게 하려면 학업 자아개념을 긍정적으로 형성하는 게 중요하다. '학업 자아개념academic self-concept'은 아이가 자신을 어떤 부류의 학생이라고 생각하는지에 따라 달라진다. 그러니까 자신을 학생으로서 어떻게 묘사하는지를 보면 알 수 있다.

자아개념은 갖가지 다양한 영역으로 구성되기 때문에 그 영역에 따라 달라질 수 있다. 예컨대 사람마다 운동과 학업을 비롯해 예술적, 사회적, 정서적 측면에서 자아개념이 다르다. 예술적 자아개념을 떠올리면 자신이 '굉장히 창의적'이라거나 '예술 감각이 없다'고 생각할 수 있고, 사회적 자아개념을 떠올리면 '굉장히 친화적'이라거나 '혼자 있기를 좋아한다'고 생각할 수 있다.

한 사람의 자아개념에는 여러 측면이 있지만, 그중 학업 자아개념은 한 번 형성되면 쉽사리 바뀌지 않는 특성이 있다. 부모가 자신의 학업 자아개념을 생각해보면 스스로 어떤 학생이었는지 굉장히 빨리 떠오를 것이다. 어른들은 학업 자아개념을 물으면 흔히 "수학은 정말 형편없었어요"라든가 "학교에선 똑똑하다는 말을 자주 들었죠", "그다지 성실한 학생은 아니었어요", "공부는 쉬웠어요", "절 좋아해준 교사가 아무도 없었어요"라고 답한다. 그런데 아이의 학업 자아개념은 성적과 같은 객관적인 지표에 크게 영향을 받는다.

아이들은 학교에서 갖가지 어려움을 겪기 때문에 아이가 학생으로서 자아개념을 잘 형성하도록 부모가 도울 기회는 많다. 아이들은 어려서부터 또래와 자신을 비교하면서 학업 자아개념을 형성한다. 친구들만큼 수학 문제를 빨리 풀지 못하는 아이는 시간제한이 있는 수학 시험을 치르면서 좌절할 수 있다. 또 수학 점수가 상위권에 들지 못하면 "전 수학은 잘 못해요" 혹은 "전 그렇게 똑똑하지 않은가 봐요"라고 말할 수도 있다. 수학 문제를 빨리 푼다고 수학을 잘하는 건 아니지만 아이는 그런 메시지를 내면화하기 쉽다. 그리고 이런 식의 비교는 끝이 없다. 이때 부모는 수학 실력만으로 사람 전체를 판단할 수 없다는 것을 이해하도록 도와주자.

한 분야에 뛰어난 사람이 되려면 여러 기술을 갖춰야 하지만 그

중 한 가지 기술이 부족해도 그 분야에서 뛰어난 사람이 될 수 있다. 이를 아이가 이해해야 한다. 인터넷을 활용하면 부족한 점이 있었음에도 굉장한 성공을 거둔 인물을 쉽게 찾을 수 있다. 제인 오스틴과 어니스트 헤밍웨이가 맞춤법 실수를 자주 했다는 사실을 아는가? 애거서 크리스티는 난독증이라는 학습 장애를 뛰어넘고 작가로서 엄청난 성공을 거뒀다. 에디슨은 발명에 워낙 뛰어나 '마법사'라는 별명이 생겼지만, 학창 시절에는 수학 실력이 형편없었다.

아이의 학업 자아개념을 긍정적으로 형성하는 최고의 방법은 바로 아이가 이뤄낸 성취를 전체적으로 바라봐주는 것이다. 그러니까 결과물인 객관적인 지표 외에 아이가 쏟은 노력, 관심, 생각, 그리고 열정에도 주목한다. 구체적인 능력 한 가지로 사람의 가치를 평가할 수 없다는 점을 이해하도록 도와주고, 무언가를 잘해내려는 마음 자세가 그 자체로 얼마나 훌륭한 자질인지 가르쳐준다.

우리는 상담을 하면서 성적이 생각만큼 잘 나오지 않아 낙담하는 아이들에게 이렇게 말해준다. "네가 성적에 관심을 기울인 것만 봐도 여러 가지를 알 수 있어. 그걸 보면 네가 생각이 깊고 책임감이 있고 또 열심히 노력한다는 걸 알 수 있지. 너의 그런 자세는 쉽게 배울 수 없는 거야. 타고난 재능인 거지. 이 고비만 잘 넘기면 너는 네가 얼마나 많은 재능을 타고났는지 깨닫게 될 거야."

교사에 대한 불평

한 엄마가 딸이 고등학교에서 첫해를 힘들게 보내고 있다고 말했다. 그리고 선생님들이 대부분 '좋으시지만' 두 분은 그 주에 내준 과제를 웹 사이트에 잘 올리지 않는다고 덧붙였다. 그 엄마는 "수업을 못 들어서 그 주에 어떤 과제가 나왔는지 모르면 어떡해요?"라고 물었다. 그 질문에 우리는 "모두가 하는 대로 하는 거죠. 친구에게 전화해서 물어보거나 다음 수업에서 교사와 얘기해서 놓친 과제를 대체할 방법을 찾아봐야죠"라고 대답했다.

사실 과제를 웹 사이트에 올리는 대신 교실에서 내주는 교사를 만난 게 그해에 일어난 가장 좋은 일이 될 수도 있다. 말로 전달하는

지시를 따르는 연습 기회가 되기 때문이다. 그러려면 아이는 숙제를 받아 적고, 달력에 표시해놓고, 그것에 따라 자신의 일정을 계획해야 한다. 고등학교에서 다양한 교사 유형에 적응하는 일은 나중에 다양한 교수를 만나거나 직장 상사와 일하는 법을 배우기 위한 훌륭한 준비가 된다.

부모가 상담 시간에 선생님을 두고 불평을 쏟아내면 곧바로 경고등이 켜진다. 그저 한 교사와의 갈등을 넘어 수년간 대해온 교사들의 결점을 줄줄이 읊을 때는 말할 것도 없다. 물론 아이의 강점을 키워주고 약점을 보완해주는 선생님을 만나 아이가 선생님과의 관계에서 좋은 경험을 한다면 더할 나위 없이 좋을 것이다. 그렇지만 교사 역시 성격이 저마다 다른 인격체다. 현실적으로 모든 교사가 모든 학생과 잘 맞을 수는 없다.

학생마다 선호하는 학습 방식이 다르듯 교사마다 선호하는 수업 방식이 다르고, 그러다 보니 교사와 학생이 맞지 않는 경우는 당연히 생긴다. 교사는 엄격한데 아이는 온화한 방식을 선호할 수 있고, 교사는 세부 사항까지 꼼꼼하게 따지는데 아이는 전체 그림을 파악하는 것을 선호해서 교사의 채점 방식이 지나치게 깐깐하다고 느낄 수도 있다. 하지만 이런 상황은 학교에서뿐 아니라 사회에 나가서도 맞닥뜨릴 수밖에 없다. 직장 상사가 부하직원 한 사람 한 사람의 선호에 맞춰 그들을 관리할 수는 없기 때문이다.

이 책 전반에서 우리는 아이가 어린 시절부터 삶의 기술을 연습할 기회를 갖는 것이 얼마나 중요한지 계속해서 강조해왔다. 사실 아이가 자신과 잘 맞지 않는 교사를 만난 건 타인과의 차이를 너그럽게 받아들이고 상대에게 공감하는 연습을 할 좋은 기회다. 자신과 잘 맞지 않는 선생님과 잘 지내는 법을 배우는 것은 어쩌면 좋은 성적을 받는 것보다 중요할 수 있다.

부모가 선생님을 비난하는 말을 입 밖에 내면 아이는 그것을 책임을 회피할 핑계로 삼는다. 그러면서 자신이 공부를 하지 않은 것이 문제인데도 교사의 채점 방식이나 자질, 편애를 구실로 삼는다. 그래서 아이는 A를 받기를 기대하는 상황에서 B를 받는 대신 공부를 하지 않아서 C를 받거나 나머지 공부를 하면서 한 해 내내 분통을 터트린다. 그리고 남을 탓하는 것은 자신의 책임을 받아들이는 일보다 훨씬 편하기 때문에 남을 탓하는 태도가 습관으로 자리 잡을 수도 있다. 자신과 잘 맞지 않는 교사와의 관계 속에서 아이는 이 문제에 어떻게 대처할지 선택을 내릴 수 있다. 부모는 아이가 이런 상황을 헤쳐 나가면서 사회적 기술과 문제 해결 능력을 키우도록 이끌어줘야 한다.

아이가 처한 상황이 실제로 불공평하든 아니든 부모는 절대로 아이를 피해자로 몰아가서는 안 된다. 아이는 일단 자기가 피해자라고 생각하는 순간 자신이 책임져야 할 부분은 책임지면서 문제를 해결하기보다는 모든 문제를 선생님 탓으로 돌리기 쉽다. 반대로 아이가 주도적으로 문제에 대처하도록 부모가 이끌어주면 아이는 어려운 관계를 풀어가는 연습 기회를 얻는다. 아이들은 자라면서 잘 맞지 않는 교사를 만날 수밖에 없다. 특히나 매년 여러 명의 교사를 만난다면 더욱 그럴 수밖에 없다. 사람은 저마다 달라서 견해 차이는 불가피하다. 부모는 이런 순간을 아이에게 중요한 가르침을 주는 기회로 삼아야 한다.

아이는 고등학교 입학 전에 선생님을 스무 명 넘게 만난다. 그러다 보면 자신과 안 맞는 선생님을 몇 명쯤은 만나게 된다. 그럴 때는 한 해 내내 힘들어하지 말고 아이가 이 문제를 극복하고 고등학교와 대학, 더 나아가 직장에서 발휘해야 할 능력을 키워주자. 최고의 방법은 부모가 선생님에 대해서 시종일관 긍정적인 자세를 유지하는 것이다. 어떤 상황에서도 선생님을 향한 불평이 아이의 귀에 들어가지 않게 한다. 아이는 부모가 선생님을 싫어하는 것을 깨닫고 부모의 견해를 고스란히 받아들이기 마련이다. 그러면 아이의 학습 동기와 노력이 줄고, 대인관계의 어려움을 극복하는 연습 기회가 사라진다. 그해를 아이를 위한 최고의 해로 만들어주자.

자녀의 학업을 돕는
가장 좋은 방법

학교에서 아이가 실수하지 않도록 구해주는 부모는 가장 흔히 목격되는 구해주기 함정에 빠진 경우라고 앞서 설명했다. 우리는 매일같이 학생들을 상담하고 일주일에 한 번 교사들과 의견을 나누면서 부모와 아이의 핑곗거리를 충분히 많이 들어봤다.

아이의 핑곗거리

"이번에 내 부탁을 들어주지 않으면 성적이 나빠질 테고 그럼 평균 점수도 떨어질 거예요."

"어제만 해도 웹 사이트에 과제가 안 올라와 있었단 말이에요."

성공하는 아이는 넘어지며 자란다

"그 선생님은 정말 산만해요."

"아무도 과제 제출 기한이 내일까지라고 얘길 안 해줬어요."

부모의 핑곗거리

"이번 딱 한 번만이에요."

"제가 안 도와주면 밤에 울고불고 난리가 날걸요."

"안 도와주면 아이가 절 미워할 거예요."

"지난밤에는 애가 너무 당황해서 과제를 도저히 마치지 못하겠더라고요. 그래서 도와줄 수밖에 없었어요."

부모들은 가끔 아이를 곤경에서 구해줄 때 아이에게 여전히 자기 도움이 필요한 것 같아서 기분이 좋다고 말한다. 아이에게 도움의 손길을 내밀면 아이 삶의 일부가 된 것 같은 기분이 든다는 것이다. 또 이런 상황에서는 보통 아이들이 고마운 마음을 크게 표시한다. 솔직히 말해서 아이가 부모에게 고마움을 표시하는 일이 얼마나 자주 있는가. 특히 청소년기에 이르면 더더욱 드물 것이다. 그러니 부모가 구해주기 함정에 쉽게 빠지는 것도 이해할 만하다.

아이를 구해주고 싶은 마음이 굴뚝같다고 해도 부모의 개입은 교사들이 최고의 학습 방해 요인으로 꼽는 요소라는 점을 기억해두자. 또 아이를 구해주는 행위는 앞서 연구물, 교사, 학생이 지목한 성공적인 학생의 특성과도 배치된다.

전 지역의 교사를 인터뷰하면서 부모가 자녀의 학업을 돕는 가장 좋은 방법을 묻자 다음과 같은 답변들이 돌아왔다.

"아이가 문제와 씨름하고 있을 때 대신 해결해주지 말고 아이를 지지해주세요. 행동에 책임을 묻고, 다음번에 더 나은 결과를 얻으려면 같은 상황에서 어떻게 행동할지 이야기를 나누세요. 아이를 있는 그대로 사랑해주고 강점과 재능을 알아봐주세요!"

"마음대로 하도록 가만히 두는 게 결코 바람직한 양육법이 아니라는 점을 확실히 아셔야 해요. 아이가 직접 교사와 대화하고 문제를 풀어가게 하세요. 앞으로 아이에게 추천서를 써주거나 인적 네트워크에 연결해주는 멘토가 될 만한 어른을 찾도록 격려해주세요."

"아이가 자기 열정을 찾고 키워가도록 격려해주세요. 그리고 성공은 똑똑한 머리나 타고난 재능이나 운동 신경이 아니라 노력과 인내와 투지에서 비롯된다는 것을 가르쳐주세요."

"아이에게 질문을 던지면서 스스로 생각하는 힘을 길러주세요."

"자기 힘으로 해결책을 찾을 때까지 기다려주세요."

"수학 문제를 풀다가 막혔을 때만 도와주지 말고, 집에서도 문제 해결을 연습해볼 기회를 주세요. 부모님이 아이의 집안일까지 도맡아 해주지 마시고요."

"부모님이 책을 읽고, 읽고, 또 읽으세요."

"지나친 애정으로 아이를 숨 막히게 하지 마세요. 아이들은 문제와 씨름하고 실패해봐야 합니다. 아이를 구해내지 마시고 필요할 때 지원해주세요."

"온 가족이 함께 책 읽는 시간을 가능한 한 자주 마련해서 글을 읽고 쓰는 게 중요하다는 것을 알려주세요."

"가장 중요한 것은 부모가 교육에 관심을 갖고 선생님이 어떤 분인지, 아이가 뭘 배우고 있는지를 알아두되 헬리콥터 부모가 되지 않는 거예요. 독립성을 키워주는 게 무엇보다 중요해요."

"부모가 근면하고 정리정돈을 잘하고 꼼꼼하게 일을 처리하는 본을 보여주고 아이에게도 그런 자세를 기대하는 게 중요하다고 생각해요."

"부모는 때로 '악역'을 맡아서 단호하게 한계를 설정할 줄 알아야 해요. 교사가 청소년기 아이들의 삶에 한계를 정해주고 아이들을 가르치는 것처럼요."

이 답변들은 우리의 관점에 맞는 것만 골라서 적어놓은 게 아니다. 연구물, 교사, 행정가, 상담가가 한결같이 아이가 키워야 할 가장 중요한 능력으로 꼽은 성격 특성들은 아이가 스스로 문제를 해결하며 자기 행동이 낳을 결과와 타인에게 미칠 영향을 고려할 때 길러진다.

아이가 스스로 해내며
공부하길 바라는 부모에게

현재 상황

결과물은 측정 가능하고 아이의 실력을 보여주기 때문에 결과물에 초점을 맞추는 부모가 많다. 부모는 아이가 뒤처지지 않기를 바라고 아이의 성취를 축하해주고 싶은 마음에 과목별 성적과 평균 점수 같은 객관적인 지표에 집중한다.

잠깐 생각해보기

부모라면 내 아이와 비슷한 또래가 이뤄낸 성취에 귀가 솔깃해진다. 그러다 보면 아이를 너무 빨리 밀어붙이기도 하고 학습의 과정(계획, 체계화, 주도성, 문제 해결, 실수하고 실수 바로잡기)보다 세부적인 결과에 집중하게 되고 만다. 하지만 스스로 해내는 과정의 중요성을 제대로 깨닫지 못한 아이는 명문 대학에 합격할 만한 성적을 받을지는 몰라도 대학 입학 후 독립적으로 삶을 꾸려가는 기술은 습득하지 못한다.

조언

시험 점수, 내신 성적, 우등상은 지능보다 노력에 좌우된다는 점을 기억하자. 아이가 학업에 쏟는 노력을 칭찬하고 북돋아준다. 아이의 노력, 계획, 준비, 시도, 그리고 학업과 관련해서 소통하는 이야기에 관심을 가진다.

1. 강점과 약점을 고루 이야기해주며 아이가 학업 자아개념을 긍정적으로 형성하도록 도와주자. 그러려면 똑똑한 친구를 자꾸만 입에 올리지 말고 아이들 각자가 갖고 있는 재능을 칭찬하면 좋다. 예컨대 "와, ○○이는 수학 실력이 좋구나", "△△이는 책 읽기 도사구나", "××이는 운동 신경이 뛰어나네"라고 이야기해주고 마지막에는 내 아이가 가진 재능도 잊지 말고 언급해준다.

2. 아이가 어려워하는 문제를 전체의 일부분으로 인식하도록 도와주자. 아이가 겪고 있는 어려움을 일반화해서 아이가 어떤 학생이라거나 아이의 지능이 그 상황과 어떤 관련이 있다는 식의 언급은 삼간다.

3. 성적을 두고 이야기를 할 때는 "성적이 좋네"라는 표현보다 "성적이 긍정적이네"라는 표현을 쓰자. 그러면 객관적인 점수에 치중하지 않고 아이가 기울인 노력을 부각시킬 수 있다.

4. 아이가 주도적으로 목표를 세우게끔 이끈다. 이때 아이가 세운 목표는 부모의 목표와 다를 수 있다. 아이가 집에 성적표를 가지고 오는 날에 목표를 세우면 좋다. 어린아이도 스스로 목표를 정할 수 있다. 선생님의 평가가 바로 눈앞에 있으면 아이는 그 평가의 의미를 더 잘 받아들이고 자발적으로 목표를 세운다. 아이가 목표를 세우고 나면 아이를 격려해주고 아이가 미처 고려하지 못한 부분에 대해서 함께 의논해본다.

6장

문제 해결 능력

핸드폰이 생각할
시간을 뺏는다

한 부모가 찾아와 말했다. "갖은 수를 써도 아이의 행동에 변화가 없어요. 아들은 계속 집에서 규칙을 무시하고 학교 생활도 엉망으로 해요. 게임기 같은 전자 기기를 치우고 사용 시간을 제한하는데도요." 이 말에 우리는 이렇게 말해주었다. "오후 상담 시간에 보니까 아이가 핸드폰을 붙들고 계속 확인을 하더라고요. 전자 기기를 제한하고 있다는 소식을 막 들었던 터라 아이에게 핸드폰을 왜들고 있는지 물어봤어요. 그랬더니 아이가 '핸드폰은 비상시를 대비해서 갖고 있으래요. 엄마 아빠는 제가 핸드폰만 있으면 하고 싶은 걸 다 할 수 있다는 걸 모르나 봐요. 핸드폰만 주면 다른 건 다 가져가도 상관없어요'라고 말하더군요."

언젠가 실시한 국가 차원의 조사 결과에 따르면 14~16세 중학생의 68퍼센트, 17~19세 고등학생의 83퍼센트가 핸드폰을 보유하고 있다.[1] 아동 및 청소년의 핸드폰 보유율은 매해 증가하는 추세에 있다. 마찬가지로 다른 설문조사에서는 초등학교 3학년 학생의 30퍼센트, 5학년 학생의 거의 40퍼센트가 자기 핸드폰을 보유하고 있는 것으로 조사됐다.[2]

단기 기억을 없애는 핸드폰

아동의 핸드폰 사용이 기하급수적으로 늘면서 핸드폰 사용이 아동에게 미치는 영향을 이해하는 것이 중요해졌다. 요즘은 핸드폰이 너무나 흔하기 때문에 사람들은 핸드폰이 그저 유용하다고만 생각한다. 하지만 연구 결과에 따르면 핸드폰 사용은 아동의 정보 처리 능력에 악영향을 끼친다.

정말 그렇다. 기술에 의존할수록 문제 해결 기회가 줄고, 궁극적으로는 스스로 '생각할' 기회가 줄어든다. 전국적인 규모로 이루어진 한 연구의 결과를 소개한 기사에 따르면 지나친 기술 의존은 아동의 작업 기억 능력에 악영향을 끼친다.[3] '작업 기억working memory'이란 정보를 활용할 방법을 찾기까지 단기 기억 속에 정보를 잠시 잡아두는 능력이다. 그런데 스마트폰이 수많은 정보를 대신 저장해 주는 탓에 요즘 아이들은 기억해둬야 할 정보(전화번호 등)가 별로 없고 그 결과 작업 기억 능력을 키우지 못한다. 아이들은 머릿속으로 일정을 계획하거나 해야 할 일을 기억하지 못하고 스마트폰의 일정 관리 앱과 알림 기능에 의존한다. 그리고 알림이 제대로 작동하지 않아서 해야 할 일을 잊으면, 자기 실수를 인정하고 책임지기보다 스마트폰을 탓하면서 그게 마치 납득할 만한 핑곗거리라도 되는 듯이 행동한다.

그뿐만 아니라 사람들은 가장 최근에 경험한 것을 가장 잘 기억하는 경향이 있다. 금방 나눈 대화나 금방 읽은 내용은 새로운 경험이 자리 잡기까지 단기 기억에 저장된다. 하지만 아이가 수시로 핸드폰을 들여다보면서 문자 메시지, 메신저, 소셜 미디어, 사진 등을 확인하면 이런 것들이 아이의 단기 기억 속에 남는다. 다시 말해서 아이가 핸드폰을 들여다보기 전에 엄마 아빠가 한 이야기는 몇 분이 지나지 않아 핸드폰을 통해 들어온 새로운 정보에 밀려 기억나지 않는다. 아이가 핸드폰을 들여다보는 동안 쓰레기를 밖에 내놓으라거나 개에게 사료를 주라거나 방을 치우라고 얘기했다면 그 말은 잊힐 가능성이 높다. 핸드폰에 접속해 있는 동안 아이는 주변 환경으로부터 단절되어 무슨 일이 일어나는지 알아차리지 못하는 것이다. 그래서 부모가 하는 말에 귀 기울이거나 주위 환경을 둘러보면서 해야 할 일을 기억해내지 못한다.

이런 이유로 특히 숙제할 때는 핸드폰을 곁에 두지 않아야 한다. 핸드폰에는 유용한 도구가 많아 숙제할 때 도움이 될 것 같아도 말이다. 소셜 미디어나 게임은 숙제보다 훨씬 재밌어서 핸드폰은 대다수 아이에게 지나치게 유혹적인 물건이다. 따라서 아이가 숙제나 공부를 할 때는 핸드폰을 곁에 두지 않도록 주의를 기울이자.

낮아지는 문제 해결 능력

핸드폰에 의존하는 아이들은 문제를 해결할 연습 기회를 빼앗긴다. 아이들은 일상에서 마주하는 문제를 해결해보는 경험을 통해 인생의 어려움을 헤쳐 나가는 방법을 배운다. 하지만 아이들이 핸드폰에 의존해서 문제를 해결하면 자기 힘으로 문제를 해결해볼 기회가 없어진다.

이런 상황을 떠올려보자. 아빠는 5학년 딸에게 하교 후에 학교 앞 계단에서 기다리라고 말했다. 오후 두 시 반쯤 수업을 마친 아이는 아빠 말마따나 학교 앞 계단에서 아빠가 오기를 기다린다. 약속 시간이 다 되어도 아빠가 데리러 오지 않자 아이는 조바심에 핸드폰을 들여다보다가 아빠에게 왜 아직 안 오냐고 문자를 보낸다. 아빠는 조금 늦을 것 같다며 그래도 학교 앞 계단에서 계속 기다리라고 답장을 보낸다. 결국 아이는 안전하게 아빠 차에 올라탔고, 아빠와 딸 모두 불안감에 시달릴 일은 없었다.

하지만 일상이 늘 이런 식으로 흘러가면 아이에게 스스로 생각해볼 기회가 주어지지 않는다. 만약 핸드폰이 없었더라면 아이는 인내심을 발휘해서 몇 분간 기다려야 했을 것이다. 그러면서 아빠가 늦는 이유를 여러 가지로 생각해봤을 것이다. 그리고 시간이 더 흘러도 아빠가 데리러 오지 않으면 이 문제에 어떻게 대처할지 스스로 판단해야 했을 것이다. 학교 앞 계단에서 계속 기다릴까? 아니면 교무실에 가서 부모님이 데리러 오지 않는다고 알릴까? 할아버지, 할머니나 가까운 이웃에게 전화해볼까? 아니면 집까지 걸어갈까? 어떤 선택을 내리든 핸드폰을 확인하고 아빠에게 연락해서 어떻게 할지를 듣는 것보다는 훨씬 어렵다. 하지만 아이는 이런 어려움을 겪어봐야 한다.

아동기는 스스로 생각해서 문제를 해결하는 연습을 하기에 더할 나위 없이 좋은 시기다. 스스로 여러 가지 해결책을 떠올려보고 그중에서 가장 좋은 해결책을 선택하도록 격려를 받은 아이와 그런 기회가 없던 아이는 사고력 및 문제 해결 능력의 발달 수준이 다를 수밖에 없다. 물론 예상하지 못한 일로 계획이 바뀌면 아이에게 메시지를 보내는 게 맞다. 그런 상황에서는 아이에게 연락해야 한다. 하지만 부모가 곧바로 해결책을 제시해서 아이가 생각해볼 기회를 빼앗지 않도록 주의한다.

핸드폰이 있으면 당연히 아이와 연락하기가 좋다. 예상하지 못한 일이 생겨 계획이 달라졌을 때는 더욱 그렇다. 하지만 그런 상황에서 핸드폰이 없어 문자를 주고받을 수 없다면 어떻게 대처할지 아이와 이야기를 나눠보면 도움이 된다.

아빠가 아이를 늦게 데리러 간 사례를 다시 살펴보자. 이런 상황에서는 아이가 안심하고 안전하게 기다릴 수 있도록 문자를 보내고 아이를 데리러 간다. 그리고 나중에 아이와 그날 핸드폰을 집에 두고 나갔더라면 어떻게 대처했을지(교무실에 알리기, 선생님께 도움 요청하기 등) 이야기를 나눠보는 것이다. 이때 부모가 아이에게 해결책을 알려주지 말고 아이 스스로 해결책을 떠올려보게 하자. 그러면 아이가 문제 앞에서 어떻게 생각을 전개해 나가는지 파악할 수 있다. 아이의 생각을 바탕으로 아이가 안전한 결정을 내리도록 연습할 기회를 마련해주자.

핸드폰 자체는 문제 될 게 없다. 문제는 핸드폰이 아이가 일상에서 마주하는 문제를 아주 쉽고 빠르게 해결해준다는 점이다. 아이는 핸드폰으로 필요한 정보를 바로 얻을 수 있다 보니 스스로 생각해볼 필요가 없다. 그 결과 기술 의존도가 높은 요즘 아이들은 즉각적인 만족을 기대하고 핸드폰은 그 기대를 완벽하게 채워준다. 우리도 대다수 사람들과 마찬가지로 핸드폰을 좋아하고 핸드폰을 포기할 의사가 없다. 첨단 기술에 열광하는 오늘날의 세태를 비판하려는 게 아니다. 그저 핸드폰이 우리 삶을 너무 편리하게 만들어준 나머지 오늘날 아이들이 문제 해결을 연습할 기회를 잃고 있음을 깨우쳐주려는 것뿐이다.

길을 잃으면
새로운 걸 배운다

지도를 보면서 길을 찾고, 길을 물어 가는 방법을 받아 적고, 도착 시간을 가늠해보는 일은 어느새 옛이야기가 되었다. 요즘은 스마트폰 기능이 어찌나 훌륭한지 아이들이 길을 잃을 일이 없다. 지도 앱을 켜고 "집으로"라고 말하거나 버튼을 터치하면 지도상에 현재 위치가 곧바로 표시되고, 도보, 자동차 혹은 자전거로 이동하는지도 묻는다. 더불어 집에 가는 길에 있는 식당과 편의점, 버스 정류장의 위치까지 안내하고, 도착 예정 시간은 물론 최단 경로를 선호하는지 아니면 풍경이 좋은 경로를 선호하는지도 묻는다.

그렇다면 십 대 자녀가 스마트폰 없이 길을 잃었을 때 연습할 수

성공하는 아이는 넘어지며 자란다

있는 기술에는 무엇이 있을까? 스마트폰이 없다면 아이는 종이 지도에서 길을 다시 살펴보고, 왔던 길을 되돌아가면서 어디서 길을 잘못 들었는지 알아내야 한다. 주위를 둘러보고 행인에게 길을 물어도 안전할지, 아니면 근처 가게에 가서 길을 물어볼지 판단해야 한다. 또 길을 잃어서 허비한 시간을 만회할 방법을 찾아야 한다. 길을 잃어서 약속 시간에 늦었다면 어떻게 책임져야 할까? 그리고 길을 잃는 것과 같은 예기치 못한 일에 대비해서 중요한 약속을 앞두고 여유 있게 준비하고 출발하는 요령을 배울 수 있다. 스마트폰 앱 덕분에 우리는 편리하고 안전하게 길을 찾게 됐지만, 그 과정에서 아이들이 문제 해결을 연습해볼 기회가 많이 줄어든 것은 틀림 없다.

지도 앱으로 길을 찾는 것은 종이 지도를 보거나 기억에 의존해서 길을 찾는 것보다 훨씬 쉽다. 요즘 아이들에게 종이 지도를 손에 들려주면 아이들은 지도를 어떻게 봐야 하는지 전혀 감을 잡지 못한다. 인터넷이 잘 연결되지 않는 오지로 여행을 떠나보면 금방 알 수 있다. 그런 여행은 아이들에게 핸드폰에 의존하지 않고 문제를 해결하는 방법을 가르칠 절호의 기회다. 아이들이 신기술을 잘 활용한다고 해서 아이들에게 옛 기술을 가르치지 말아야 할 이유는 없다. 옛 방식을 배우는 과정에서 아이들은 기술의 발전으로 잃었던 배움의 기회를 얻을 것이다.

핸드폰을 생산적으로 활용하는 방법

아이가 핸드폰에 푹 빠져 있다면 핸드폰을 재밌고 흥미롭게 활용하는 법을 가르쳐줄 수 있다. 예를 들어 주소나 영화 상영 시간, 흥미로운 장소나 놀거리 등 찾고 싶은 정보가 있다면 부모가 직접 찾아보는 대신 아이에게 찾아보고 알려달라고 부탁한다. 그러면 아이는 핸드폰을 활용해서 가족에게 보탬이 되는 뿌듯한 감정을 느낄 수 있다. 또 이 과정에서 부모는 아이와 상호작용하면서 기술을 잘 활용하는 아이를 칭찬할 수 있고, 모든 가족이 새로운 정보를 배울 수도 있다.

다음번에 휴가를 갈 때는 아이들에게 숙소 근처에 놀이공원이나 물놀이장이 있는지 알아봐달라고 부탁해보자. "밥 다 먹고 나서 내일 철물점 문 여는 시간 좀 알아봐줄 수 있어? 엄마는 잘 모르겠네"처럼 단순한 부탁도 좋다. 엄마의 부탁을 들어주려면 아이는 엄마의 부탁을 기억하고, 질문에 대한 답을 찾고, 찾은 결과를 엄마에게 알려줘야 한다. 이 과정에서 온 가족이 다 같이 힘을 모으는 경험을 할 수 있다.

핸드폰 구입 요령

전자 기기와 관련해서 부모와 아이가 흔히 갈등을 겪는 문제는 '첫 핸드폰을 언제 사줄 것인가'이다. 핸드폰을 언제쯤 어떤 종류로 구입할지는 가족이 결정해야 할 문제지만, 중요한 것은 결정 과정에 아이를 참여시키는 것이다. 이때 참고할 만한 자료가 많다. 신뢰할 만한 매체들이 가정의 필요와 아동의 연령에 맞춰 핸드폰과 그 서비스를 선택하는 요령을 일목요연하게 정리해놓은 것도 있다.[4] 이런 자료는 안드로이드폰과 아이폰의 장단점, MP3·화상통화·인터넷 기능을 알려주고, 가장 중요하게는 부모가 자녀의 핸드폰 활동, 데이터 사용량, 위치를 추적하는 기능을 소개하기도 한다. 또 핸드폰 제조 기업도 자녀의 핸드폰을 구입하는 부모를 위해 이와 유사한 구매 가이드를 제공한다.

아이의 핸드폰을 구입했다면 가족의 가치관에 맞춰 핸드폰 사용 규칙을 만들어야 한다. 핸드폰도 책임감 있게 사용한다면 아이의 사고력, 의사소통 능력, 문제 해결 능력을 해치지 않으면서 가정생활에 보탬이 될 수 있다.

핸드폰이 아이를 망칠까 봐
걱정하는 부모에게

현재 상황

핸드폰은 온갖 관심사를 충족시켜주는 놀라운 기기다. "그런 앱이 있어"라는 말은 어느 때보다 진실에 가까워지고 있다. 핸드폰은 즉각적인 반응, 또래와의 지속적인 연결, 강한 시청각 자극에 이르기까지 아이들의 온갖 욕구를 다 채워준다. 그래서 이제 여러 아이의 삶에 없어서는 안 되는 존재가 되었다.

잠깐 생각해보기

요즘 부모들은 비상시를 대비해서 아이가 핸드폰을 가지고 있어야 한다고 생각한다. 그래서 점점 더 어린 나이에 아이에게 핸드폰을 사주고는 거둬들이지 못한다. 아이들은 아무 노력 없이 부모가 사준 핸드폰을 받고 스스로 요금을 지불하지 않는다. 아이들 사이에서는 핸드폰 소유가 당연한 권리처럼 인식되며, 이 권리 의식은 사회 문화 전반에서 날로 강해지고 있다. 언제든 아이와 연락할 수 있다는 장점이 부모가 아이에게 핸드폰을 사주는 가장 큰 동기로 작용하기는 하지만 그게 전부는 아니다. 부모들은 아이에게 친구가 많기를, 아이가 친구들 모임에 자주 초대받기를, 유행에 뒤처지지 않기를 바란다. 부모들은 핸드폰만 있으면 아이가 친구들과 늘 연락을 주고받을 수 있고 소외당할 일이 없을 거라고 믿는다.

아이의 첫 핸드폰 구입을 고려하고 있다면 아이가 핸드폰을 어떤 용도로 사용하기를 바라는지 생각해보고 가족의 필요에 맞는 핸드폰을 선택한다. 핸드폰 선택 과정에 도움이 될 만한 정보를 찾아본다.

어떤 핸드폰을 살지 결정했다면 아이가 핸드폰을 얻어낼 방법을 마련한다. 어떤 결정을 내리든 아이와 함께 의논해서 결정하는 게 중요하다. 좋은 성적을 받거나 열심히 공부하거나 예의 바르게 행동하거나 집안일을 돕는 등 아이가 노력을 기울여서 핸드폰을 획득하게 한다.

아이에게 핸드폰이 생겼다면 핸드폰 사용과 관련해서 명확한 한계를 설정하고 부모가 기대하는 바를 알려줘야 한다. 핸드폰을 적절히 사용한 예와 부적절하게 사용한 예를 알려준다. 핸드폰의 사용 시간 및 사용량을 두고도 가족 규칙을 만든다.

이제 아이는 핸드폰을 안전하게 즐길 준비가 됐다. 아이가 핸드폰을 긍정적으로 활용해서 가족을 도울 기회를 주자. 무엇보다 부모가 핸드폰을 올바로 사용하는 본보기를 보여줘야 한다.

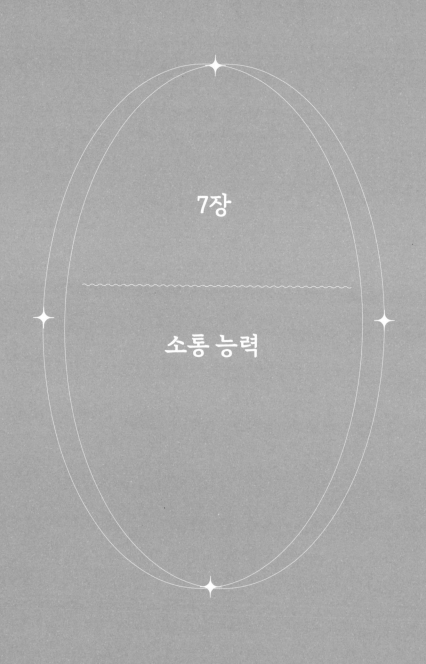

7장

소통 능력

게임 하는 시간도
배움의 기회로

한 부부가 아홉 살 아들이 게임에 빠져 있다며 상담실에 왔다. 이야기를 자세히 들어보니 단순히 게임 하는 시간이 너무 많은 것 말고도 문제가 또 있었다. 아이는 게임에 정신이 팔리면 주변 환경을 전혀 의식하지 못하고 거기에만 매달린다는 것이다. 부모는 아이가 게임에 빠지면 시간 가는 줄도 모르고, 말을 시켜도 게임 세계에서 헤어 나오지 못한다고 했다.

최근 전자 기기는 어느 때보다 아이들의 삶 속으로 깊이 파고들어 인간관계에 악영향을 미친다. 아이들은 해야 할 일이 없으면 곧장 전자 기기를 집어 들고 시간을 때운다. 쇼핑 카트나 카시트에 앉아서, 혹은 식당에서 음식이 나오기를 기다리면서 전자 기기를 들고 화면을 들여다보는 아이들의 모습은 어디를 가나 마주할 수 있다.

오늘날 아이들은 아무 일도 없이 마냥 기다리는 상황을 굉장히 힘들어한다. 전자 기기는 굉장히 자극적인 피드백을 즉시 제공한다는 면에서 즉각적인 만족을 추구하는 아이들의 생활방식에 꼭 들어맞는다. 하지만 그 결과 아이들은 다른 사람과 예전 방식으로 소통하는 법을 배우지 못한다. 전자 기기에 몰입해 있는 아이는 다른 사람과 눈을 맞추고 이야기를 나눌 수 없다.

부모들은 게임을 허락한 이유로 아이에게 '쉬는 시간'을 주고 스스로 놀게 하기 위해서라고 말한다. 사실 게임은 상담실에서 부모들이 가장 많이 이야기하는 주제이기도 하다. "아이가 1인칭 슈팅 게임을 해도 괜찮을까요?" "온라인 게임은 안전한가요?" "게임 시간은 얼마만큼이 적당할까요?" 연구 결과에 따르면 요즘 아이들이 게임 하는 시간은 책 읽는 시간의 두 배에 육박한다.[1]

솔직히 말해서 이런 질문에는 정답이 없지만, 무엇보다 중요한 것은 균형이다. 우리에게 상담을 받던 어느 가족은 아들의 게임 시간을 결정하는 기발한 방법을 발견했다. '레벨 업'이라고 부르는 방법이었는데, 여기에는 목표 설정이 중요한 역할을 했다. 아이는 게임마다 달성하고 싶은 레벨이나 순위를 목표로 정하고, 목표를 달성하기까지 제한 시간을 가졌다. 제한 시간 안에 목표를 달성하면 게임 시간을 추가로 벌 수 있었고, 그 시간 안에 '레벨 업'을 하지 못하면 게임을 그만해야 했다.

이 방법을 쓰자 게임은 아무런 목표 없이 일상의 탈출구 역할만 했던 때와는 전혀 다른 활동이 됐다. 적절한 목표를 설정하고 목표를 달성했을 때 보상을 얻을 수 있다는 가르침을 주는 방편이 된 것이다. 이처럼 아이들이 즐거운 활동을 하면서 소중한 교훈도 얻는 방법을 찾아낸 사례를 접하면 희열을 느낀다. 이 가족은 아이들이 게임 하는 시간에 균형을 잡기 위해서 이처럼 기발한 방법을 떠올려 상황을 극복했다.

또래와 어울리는 것보다
게임이 더 편하다?

게임을 하는 시간이 어느 정도면 적당하냐는 질문을 받으면 우리는 먼저 아이가 시간을 어떻게 활용하는지 물어본다. "아이가 게임을 안 했으면 그 시간에 뭘 했을까요?" 만약 이웃집 아이들이 앞마당에서 농구를 하거나 공원에서 공을 차고 있다면, 우리는 아이가 친구들과 어울려 몸으로 노는 게 더 낫다고 조언할 것이다. 아이들은 친구들과 자유롭게 놀면서 여러 가지 사회적 기술을 연마한다. 사회적 기술을 갈고닦을 기회를 이따금 잃는 건 괜찮지만, 일상적으로 잃으면 문제가 생긴다. 연습 경험이 없으면 집행 기능이 발달하지 않으니까 말이다.

게임은 아이가 또래 관계에서 경험하는 압박감에서 벗어나고자 게임을 탈출구로 삼을 때 문제가 된다. 사회적 기술이 서툴고 또래와 어울려 노는 게 힘든 아이일수록 게임에 쉽게 빠진다. 우리는 사회적 불안이 높은 아이들이 특히 사회적 압력이 없는 게임 환경에 안도감을 느끼고 빠져든다는 점을 발견했다. 혼자 게임을 하면 또래와 함께 있을 때 느꼈던 불안감을 잠시 잊을 수 있을지 몰라도, 불안감 해소를 위해 혼자 게임을 하는 악순환이 거기서부터 시작된다. 이런 식의 현실 도피에는 강한 보상이 따르기 때문에 한 번 시작된 악순환은 반복되며 일상으로 굳어지기 쉽다.

게임은 굉장히 자극적이기 때문에 또래와 어울리는 게 편치 않은 아이는 게임의 유혹을 외면하기 어렵다. 몇 시간 동안 아무 생각 없이 게임에 몰입하는 시간은 어떤 아이들에게는 큰 보상이 될 수 있다. 수줍음이 많고 학교 공부를 어려워하는 아이가 있다고 생각해보자. 아이는 매일 대여섯 시간을 불안한 마음으로 힘들게 공부하며 보낸다. 그러다 보니 게임이라는 탈출구가 굉장히 유혹적으로 다가온다. 한편 게임 속 액션과 사운드, 속도감이 주는 흥분과 재미에 빠지는 아이도 있다. 이유가 무엇이든 게임에 빠진 아이는 게임을 그만하라는 말에 저항한다. 아이가 게임을 그만하라는 부모의 말에 벌컥 화를 내거나 폭발한다면 게임이 문제가 된 것이다. 이런 식의 반응은 아이가 사회에서 단절되고 있음을 보여주는 커다란 위험신호다.

게임 시간 한정하기

어떤 아이들은 게임을 하면서 다음 단계로 넘어가는 것을 내일까지 미뤄야 하는 상황을 잘 견디지 못한다. 또 저장 기능이 없어 첫 단계부터 다시 시작해야 하는 게임도 있다. 그래서 아이들은 '지금 당장' 다음 단계로 넘어가기를 바라고 그게 좌절되면 어쩔 줄 몰라 한다.

이런 반응이 우려되는 까닭은 아이들이 만족 지연을 하지 못할 뿐 아니라 정해둔 게임 시간의 한계를 받아들이지 못하기 때문이다. 그저 긴장을 풀고 쉬면서 게임을 하는 것과 해야 할 일을 외면하고 현실에서 벗어나기 위해 게임을 하는 것은 다르다. 아이가 다음과 같은 모습을 보일 때 부모는 게임을 둘러싼 규칙과 한계를 명확히 설정해야 한다.

- 그만하라는 말을 듣고도 게임을 그만두지 못할 때

- 게임에 너무 빠져서 주위 사람이 하는 말에 반응하지 않을 때

- 게임을 그만해야 하는 상황에서 짜증을 부리거나 화를 낼 때

우선 게임은 숙제와 다른 할 일을 마친 후에 하도록 허용하자. 게임을 할 수 있는 시간을 확실히 못박아두는 것도 좋다. 학교에 가는 주중에는 게임을 아예 금지하거나 시간을 가능한 한 적게 설정한다. 주말에는 시간을 조금 늘려줄 수 있다. 그리고 가족 모두가 게임의 제한 시간을 정확히 알고 있어야 한다. 아이들 중에는 하루에 30분씩 게임 한다는 규칙을 지킬 수 있고 그 30분을 얻으려고 열심히 노력하는 아이가 있다. 하지만 제한 시간이 지나도 게임을 멈추지 못한다면 게임 시간을 주말로 한정하는 게 좋다.

누구와 어떻게 게임 하느냐가 중요하다

아이가 게임을 너무 많이 하는지 판단할 때 고려해야 할 또 하나의 요소가 있다. 바로 게임을 하는 사회적 맥락(누구와 함께 게임을 하는가 등)이다. 여러 명이 모여서 게임 토너먼트를 벌이는가? 친구를

집에 초대해서 함께 게임을 하는가? 학교 친구와 함께 온라인 게임을 하는가? 게임을 하면서 세계 각지의 낯선 사람들과 접촉하는가? 우리는 이런 질문에 대한 답을 고려해서 게임 시간이 적절한지 판단한다.

우리 동네에서는 열댓 명의 아이들이 어느 집 차고에 모여서 토너먼트를 벌이기도 한다. 어느 날 밤에는 TV 네 대를 연결해놓고 두 팀으로 나눠서 동시에 게임을 벌이기도 했다. 이런 사례는 아이들이 직접 만나 상호작용하며 바깥세상과의 접촉을 잃지 않았다는 점에서 게임을 굉장히 잘 활용한 경우다.

아이들은 게임을 하면서 또래와 상호작용하고 의사소통하는 연습을 할 수 있다. 그리고 우리는 '연습'의 힘을 믿는다. 혼자 게임을 하는 경우, 게임은 아이에게 탈출구가 되어주기는 해도 사회적 기술을 연습할 기회를 주지는 않는다. 하지만 친구와 함께 게임을 하면 연습이 된다. 사회적 불안이 높은 아이에게 이웃집 차고에서 열 명이 넘는 아이들과 어울려 게임 하기를 바라는 것은 지나친 기대겠지만 친구 한 명을 집에 초대해서 초코칩 쿠키를 먹으며 게임을 하는 상황에는 아이와 부모가 모두 만족할 수 있다. 친구와 쿠키 먹는 연습을 하기 싫은 아이가 과연 있을까? 게임이 아이들이 함께 노는 '놀잇감'이 된다면 친구와 다른 놀이를 하는 것과 비슷한 효과를 누릴 수 있다. 온라인 게임은 보드게임의 전자 버전일 뿐이다. 하지만 게임을 하면서 아이가 친구와 상호작용하지 않는다면 게임은 오히려 역효과를 낳는다.

혼자 게임 하는 시간이 너무 길다면

아이가 혼자 게임 하는 시간이 너무 길다면 다음과 같은 방법을 활용해보자.

첫째, 게임 시간을 제한하되 게임 시간을 추가로 얻을 방법을 알려준다. 좋은 성적, 예의 바른 태도, 친구나 가족과 함께 보내는 시간, 자원봉사 활동 등 가족이 중요하게 생각하는 것이면 무엇이든 활용해도 좋다. 그러면 아이는 부모가 바라는 활동을 더 많이 할 수 있고, 더불어 게임 시간을 추가로 얻을 방법이 있기 때문에 제한 시간을 두고 벌이는 실랑이도 줄어든다. 일단 게임 시간을 적게 줘서 아이가 노력해서 추가 시간을 얻어도 총 게임 시간은 너무 길어지지 않게 한다.

둘째, 아이에게 친구를 집으로 초대해 나란히 앉아서 함께 게임을 하게 한다. 이 과정에서 아이는 계획성, 준비성, 사회성, 의사소통 능력과 같은 긍정적인 특성을 발달시킬 수 있다. 이때 게임은 해야 할 일이나 사람들로부터 벗어나기 위한 탈출구가 아니라 사교 활동이 된다.

셋째, 전자 기기를 거실처럼 집 안 중심에 있는 열린 공간에 설치한다. 그러면 아이가 방문을 닫고 들어가 다른 사람의 시선이 닿지 않는 곳에서 게임을 할 수 없다. 닫힌 공간에서는 폭력성, 선정성, 사회적 고립감이 증가한다. 아이가 친구와 함께 게임을 하는 모습을 지켜보자. 아이들은 부모가 옆에 있기만 해도 신경이 쓰여서 게임을 하는 시간이 줄어든다.

랜선 친구를 사귀어도 괜찮을까?

게임과 관련해서 부모가 신경 써야 할 점은 바로 아이가 온라인에서 친구를 사귈 가능성이 있다는 것이다. 온라인 게임 중에는 전세계에서 모인 수많은 사람이 함께 단일 게임을 즐기거나 혹은 팀을 이뤄 상대 팀과 경쟁을 벌이는 종류가 있는데, 이를 '대규모 다중 사용자 온라인 게임MMOG'이라고 부른다. 온라인 게임을 하는 사람들은 특히 같은 게임을 즐겨 하는 사람들끼리 친구가 되기도 한다. TV나 컴퓨터 화면 앞에 홀로 앉은 아이는 마이크가 달린 헤드셋을 통해 세계 곳곳에 사는 수십 명과 소통할 수도 있다.

어린 시절에 온라인 게임 같은 건 존재하지도 않았던 부모 세대

성공하는 아이는 넘어지며 자란다

로서는(대신 우리에게는 펜팔이 있었다) 랜선 친구를 '진짜' 친구로 인정하기 어렵다. 기술이 현실 세계의 복잡한 문제를 상당 부분 회피하도록 도와주기 때문이다. 하지만 온라인에서 친구를 만나 함께 게임을 해도 소통하고 협상하고 계획하는 연습이 되고, 여기서 습득한 사회적 기술을 실생활에서 만나는 사람들과 상호작용할 때 활용할 수 있다. 한 연구 결과에 따르면 전통적인 방식으로 친구를 사귀고 관계를 유지하기 어려워하는 아이들은 온라인 친구라도 있으면 자존감이 훨씬 높아지고 자신이 정상이라고 느끼는 경향이 있다.[2]

랜선 친구라도 친구가 있다고 말할 수 있으면 친구가 아예 없는 것보다 낫다. 단짝 친구의 존재는 누구에게나 힘이 되지만, 현실에서 단짝 친구를 만들지 못하는 아이에게는 랜선 단짝 친구의 존재가 위안이 되고 정상이라는 느낌을 줄 수 있다.

단짝 친구란 뭘까? 가장 단순하게는 관심사를 공유하고 함께 시간을 보내면 즐거운 사람일 것이다. 사회적 불안감이 높은 아이가 게임을 통해 다른 사람을 만나 소통하면서 사회적 기술을 약간이나마 연습할 수 있다면, 게임도 유용한 도구가 되는 것이다.

늘 그렇듯 여기서도 균형이 가장 중요하다. 랜선 친구와의 관계도 마찬가지다. 온라인 게임 속 관계가 현실에서 사람들과 상호작용하는 것을 대체하지 않도록 주의해야 한다. 랜선 친구 관계는 현실에서 친구를 사귀는 연습 단계가 돼야 한다. 따라서 랜선 관계는 단기간 편리하게 관계를 유지하는 방편으로 삼더라도 그 이후에는 직접 소통하는 단계로 나아가야 한다.

아이의 랜선 친구를 면밀히 살피자

온라인에서 안전하게 생활하는 요령을 아이들에게 되도록 일찍부터 알려주면 좋다. 온라인에서 보내는 시간이 길수록 랜선 친구를 사귈 가능성이 커진다. 부모는 아이가 온라인에서 만나는 사람이 때로는 스스로를 위장한다는 점을 안다. 따라서 아이가 온라인에서 만나는 친구가 어떤 사람인지 자주 묻고 대화하자.

먼저, 온라인에서 공유할 수 있는 정보와 관련해서 가족 규칙을 정하고 아이가 어떤 개인 정보를 공유했는지 확인한다. 아이가 공유할 수 있는 정보는 닉네임과 개괄적인 거주 지역뿐이다. 이름, 주소, 전화번호, 자주 가는 장소 등은 절대로 공유하지 말아야 한다.

다음으로, 랜선 친구를 어떻게 만났는지, 친구에 대해 뭘 알고 있는지, 그 정보는 어떻게 알게 됐는지 물어본다. 아이의 온라인 프로필과 게시한 이미지도 살펴본다. 아이에게 엄마 아빠가 언제든 살펴볼 수 있다고 미리 얘기해두는 편이 좋다. 아이의 랜선 친구에게 뭔가 의심스럽거나 이상한 점이 있다면 더 자세히 알아보고 아이가 계속 '친구'로 지내도 좋을지 결정한다.

아이의 랜선 친구를 점검하는 방법 중 하나는 부모가 필요하다고 느낄 때 언제든 헤드셋을 쓰고 친구가 하는 이야기를 들을 수 있도록 규칙을 만들어두는 것이다. 이때 부모는 아무 말 없이 조용히 듣기만 해야 한다. 그러면 아이는 부모가 온라인상의 안전 문제를 심각하게 받아들이고 있음을 알게 되고, 자신이 가족 규칙을 이해하고 적절하게 처신하고 있음을 부모에게 확인시켜줄 수 있다.

허용 가능한 게임 종류는?

아이에게 게임을 제한할 때는 게임 시간뿐 아니라 게임의 종류도 고려해야 한다. 닌텐도의 '위 스포츠'나 '저스트 댄스 키즈 2'와 같은 종류의 게임은 아이들을 움직이게 하여 운동을 시켜준다. 이렇게 상호작용이 있는 게임은 소파에 몸을 파묻고 앉아서 하는 게임보다 낫다. 실제로 아이가 게임을 하면서 땀 흘리고 운동하는 모습은 꽤나 보기 좋다.

아이에게 허용하는 게임을 선택할 때는 게임 등급을 참고한다. 게임 등급에 관해서라면 책 한 권을 할애할 만큼 할 말이 많지만, 결국은 부모가 결정해야 할 문제로 가족마다 나름의 한계를 설정해야 한다. 아이들은 게임의 내용이나 적절성은 생각해보지도 않고 그저 친구들이 많이 하는 게임을 같이 하고 싶어 한다. 아이에게 특정 게임을 허용해도 될지 결정할 때는 몇 가지 사항을 고려하자.

첫째, 게임의 등급을 분류한 데는 그럴 만한 이유가 있다. 아이가 '성인' 등급의 게임도 자기가 즐기기에 아무 문제가 없다고 말해도 부모는 해당 게임에 성인 등급이 부여된 이유를 신뢰해야 한다.

둘째, '다른 애들도 전부 그 게임을 한다'고 해서 그 게임이 우리 아이에게 적절한 것은 아니며, 아이가 말하는 '전부'가 실제로는 친한 친구 두 명일 수도 있다. 아이들에게 허용할 수 없는 성인 등급 게임의 예로는 '콜 오브 듀티' 시리즈를 비롯한 전쟁 시뮬레이션 게임을 들 수 있으며, 이런 게임에서는 현실에 가깝게 묘사된 무기와 극한의 폭력, 욕설, 유혈이 가득하다.

아이들은 저마다 다르다. 따라서 아이의 문제 행동이 증가할 때 그것이 게임 내용과 관련이 있는지 자세히 살펴야 한다. 어떤 아이들은 공격적인 게임을 할 때 분출되는 아드레날린을 도무지 통제하지 못한다. 대다수 아이는 게임에서 본 행동을 그대로 모방하지 않지만, 폭력적인 게임을 하고 난 후에는 유독 충동적이고 공격적인 모습을 보이거나 부적절한 언어를 더 많이 사용하는 것을 알아차릴 수 있을 것이다.

성공하는 아이는 넘어지며 자란다

소셜 미디어 속에서 맺는 관계

페이스북, 트위터, 인스타그램 같은 소셜 미디어 플랫폼 덕분에 우리는 인터넷을 통해서 사람들과 손쉽게 소통할 수 있다. 소셜 미디어는 청소년쯤 돼야 시작할 거라고 생각하는 사람도 있겠지만 최근 조사에 따르면 초등학교 3학년생의 90퍼센트가 이미 온라인에서 활동하고 있다. 이 말은 곧 굉장히 어린 아이들도 온라인상의 위험에 노출되었다는 뜻이다. [3]

주위 사람들에게 소셜 미디어를 어떻게 활용하냐고 물으면 사람 수만큼 다양한 답변을 듣게 될 것이다. 소셜 미디어는 친구나 가족에게 근황을 전하고 인맥을 쌓거나 좋아하는 연예인에 관한 정보를 수집하는 등 다양한 용도로 활용된다. 하지만 단순하게 보자면 소셜 미디어는 재밌고, 사람들과 연락을 주고받기 좋으며, 모임에 초대하거나 특별한 소식을 전달하는 방편으로 활용되기도 한다. 그리고 한편으로는 아이들을 즉각적인 만족에 길들이고 신원 도용을 비롯한 범죄의 위험에도 노출시킬 수 있다.

SNS 친구는 어떤 존재일까?

청소년을 비롯한 젊은 층은 소셜 미디어에서 친구의 삶을 엿보고(자기 삶과 비교하며), 일상을 공유하고, 자신의 활동을 전시하고, 새로운 친구를 사귄다. 평균 점수가 지능의 지표가 되듯, 소셜 미디어는 젊은 친구들의 사회적 지위를 드러내는 지표가 되었다. 그렇지만 그 속에서 현실이 왜곡되기가 굉장히 쉽다.

소셜 미디어의 게시물은 현실과 동떨어진 경우가 많다. 사람들은 거기서 자기 삶을 있는 그대로 보여주기보다는 다른 사람들에게 보여주고 싶은 모습만 골라서 보여준다. 그런 면에서 소셜 미디어 내 프로필과 활동은 TV 리얼리티 쇼와 같다. 리얼리티 쇼에 나오는 사람들은 실존 인물이지만, 쇼에서 보여주는 행동이나 말은 보는 사람을 의식한 연기다. 더러 청소년들은 자기가 초대받지 못한 모임과 관련된 게시물을 보고는 "나만 빼고 다 초대받았네"라고 말하기도 한다. 하지만 사실 그 모임은 친구 세 명이 모여서 노는 자리일 수도 있다. 소셜 미디어를 통해 소식이 널리 퍼지면 세 명이 '모두'로 느껴질 뿐이다. 소셜 미디어를 통해 정보를 습득한 아이들은 상황을 제대로 확인해보지도 않고 근거 없는 결론을 내린다. 또 문자 메시지와 마찬가지로 소셜 미디어에서 즉각적인 반응을 기대하면 오해하기 쉽다. 상대의 답변이나 반응을 별로 기다려보지도 않고 충동적으로 행동하거나 반응하게 된다.

소셜 미디어에서 오해를 부르는 또 하나의 정보는 바로 SNS 친구와 팔로워 수다. 중고등학생들에게 SNS 친구에 대해 물어보면, 진짜 친구라기보다는 친구의 친구이거나 몇 명을 거쳐 아는 사람인 경우가 많다. 그럼에도 소셜 미디어에서는 서로 소통을 하는 것이다.

아이: 저기 있는 저 친구, 제 페이스북 친구예요.

부모: 가서 인사할래?

아이: 아뇨, 진짜 친구가 아닌데요, 뭘. 서로 잘 알지도 못해요. 그냥 페이스북 친구니까요.

그러니까 소셜 미디어에서는 친구라는 개념이 지인 혹은 컴퓨터 화면에 뜬 이름 정도로 흐려진 것이다.

'팔로우'와 '좋아요'를 기대하는 마음

아이들에게는 SNS 친구나 팔로워 수를 늘리는 게 굉장히 중요해졌다. 팔로워 수가 사회적 지위의 지표가 되었기 때문이다. 아이들은 랜선 친구가 많아 보이기를 바라며, SNS로 맺은 관계가 현실에서의 인기를 반영한다고 생각한다.

친구나 팔로워 수를 늘리려는 또 다른 이유는 온라인에서 관계를 맺은 사람이 많을수록 여가 시간을 채워줄 대상이 많아지기 때문이다. 광범위한 집단의 사람들과 관계를 맺으면 게시물을 올렸을 때 많은 사람이 빠르게 반응해준다. 아이들은 페이스북에 이미지나 글을 올린 후 누가 댓글을 달고 '좋아요'를 누르는지 계속 확인한다. 그리고 기대한 반응이 나타나지 않으면 의기소침해진다. 어느 십대 여학생은 이렇게 말했다. "게시물을 두 개나 올렸는데 쟨이 아무런 반응을 보이지 않더라고요. 그래서 저한테 화가 났나 보다 생각했죠."

그 여학생은 친구에게 전화를 걸어서 무슨 일이 있는지 물어보거나 직접 만나서 얘기를 나눠봐야겠다는 생각을 하지 못했다. 그 대신 전자 기기를 통해 소셜 미디어가 전해주는, 현실과 동떨어진 정보를 활용해서 현실에서의 결론을 이끌어냈다. 자기 생각에 친구가 곧바로 댓글을 달아줘야 하는데 달아주지 않자, 친구의 마음을 제멋대로 추측하고 충동적으로 판단한 것이다. 이렇듯 온라인에서 벌어지는 일이 오프라인 현실을 뒤흔들어놓는 일이 굉장히 흔하게 벌어진다. 온라인 세상에 접속한 상태를 유지하는 아이들은 실생활에서 주위 사람들과 소통하지 않는 데 익숙해진다.

SNS 사용 시간 제한하기

아이의 대인관계가 대부분 소셜 미디어에서 이뤄진다면, 소셜 미디어 사용 시간을 제한할 방법을 찾아야 한다. 소셜 미디어는 친구들과 만날 시간과 장소를 정하고 친구들의 근황을 알아보기 좋은 매체다. 하지만 아이가 소셜 미디어에 지나치게 의존하거나 대인관계를 대부분 거기서 맺는다면, 아이를 이 매체 밖으로 끌어내야 한다. 소셜 미디어에서 새로운 피드를 확인하는 시간은 하루 10~15분 정도면 충분하다. 따라서 일단은 하루 15분 정도로 소셜 미디어를 사용하는 시간을 제한한다. 그리고 아이가 오프라인 사교 활동에 참여하면 소셜 미디어 사용 시간을 늘려준다. 그러면 현실에서의 대인관계와 온라인상의 대인관계 사이에서 적절한 균형을 찾을수 있을 것이다.

이곳엔 사생활이 없다

아이들은 대부분 소셜 미디어를 편안하게 받아들인다. 소셜 미디어는 전자 기기를 통하고 자극적이고 즉각적이며 간편하기 때문이다. 소셜 미디어에서 활동할 때는 사람들과 직접 대면할 필요도 없고 몸을 단장하거나 옷을 차려입을 필요도 없다. 심지어 소파에서 몸을 일으키지 않아도 된다.

문제는 굉장히 빠르게 상황이 전개되면서 아이들이 충동적으로 게시물을 올리거나 댓글을 다는 사건 사고가 하루가 멀다 하고 일어난다는 점이다. 게시물은 한 번 올리면 평생 남는다. 올린 게시물을 금세 지워도, 지우기 전에 누군가가 보고 스크린샷을 찍거나 기록해두면 어쩔 도리가 없다. 유명 연예인이 소셜 미디어에서 몰상식한 발언을 하거나 부적절한 게시물을 올리면 소속사는 확인 즉시 게시물을 내리기도 하는데 이미 엎질러진 물이다. 한 번 올린 사진과 발언은 작성자의 품을 떠나 통제 밖 세상으로 풀려나간다. 이와 똑같은 일이 청소년들 사이에서도 늘 일어난다. 청소년들은 자신의 충동적인 감정을 소셜 미디어에서 표현하곤 한다. 열다섯 살 여자아이가 올린 게시물을 살펴보자.

"내 친구인 척하는 모든 이에게: 진짜 친구가 될 수 없다면, 그리고 네가 어떤 사람인지 안다면, 친구 취소하길. 너희가 안 하면 내가 할 거야."

그날 밤 두 친구에게서 무슨 일이냐고, 나는 너를 진짜 친구로 생각한다는 문자가 왔다. 하지만 다음 날 학교에서는 또래들이 게시물을 올린 아이를 슬슬 피했고 몇몇은 험악한 눈초리를 보내기도 했다. 그 아이가 두 친구와의 사이에서 생긴 문제로 올린 게시물을 400명이 넘는 SNS 친구와 그 친구들까지 본 것이다. 이런 사례는 차고 넘친다. 아이들이 충동을 잘 참지 못하다 보니 게시물을 올리는 게 적절한지 깊이 생각해보지 않고 세상에 공개한다. 그 게시물이 얼마나 멀리 퍼질 수 있는지 이해하지 못하는 것이다.

아이가 올린 게시물은 또래들만 보는 게 아니라 정보 수집을 원하는 온갖 사람들이 본다. 광고주는 게시물을 보고 무슨 물건을 팔지 결정하고, 고용주는 게시물을 보고 잠재 직원이 믿음직하고 근면한지 살핀다. 소셜 미디어 플랫폼도 만일의 경우를 대비해서 사용자가 게시하는 이미지를 전부 수집하고 있으며, 이미지 수집을 위해 사용자에게 별도로 승인을 받지도 않는다.[4] 무엇보다 위험한 것은 범죄자와 관음증 환자가 온라인에서 손쉽게 먹잇감을 찾는다는 점이다. 따라서 아이들이 게시물을 올리기 전에 어디에 어떤 내용을 올려도 될지 미리 생각해보도록 가르쳐야 한다.

부모가 함께 경험하자

아이가 처음 소셜 미디어를 사용하기 시작할 때는 다음 사항을 미리 고려해본다.

첫째, 아이가 인스타그램, 트위터, 페이스북 등을 사용한다면 부모도 같이 경험해봐야 한다. 그러면 부모도 그 플랫폼에 익숙해지고 사용법을 익히게 된다. 소셜 미디어에 관해서는 모르는 게 약이 될 수 없다.

둘째, 아이의 연령과 상관없이 부모가 아이와 함께 계정을 만들고 아이디와 비밀번호, 접근 권한을 갖는다. 비밀번호가 바뀌지는 않았는지 이따금씩 확인한다. 아이디와 비밀번호만 알면 계정 전체에 다 접근할 수 있다. 아이가 소셜 미디어를 어떻게 사용하는지 지켜보면서 가끔 온라인 활동을 검토하는 시간을 갖는다.

셋째, 애초에 플랫폼에서 제공하는 가장 높은 수준의 보안 등급을 설정한다. 그러면 아이가 소셜 미디어에서 관계를 맺는 사람과 공유하는 개인 정보를 제한할 수 있다.

넷째, 아이의 연령과 상관없이 아이가 아무리 불편해하더라도 부모를 친구로 추가하게 한다. 소셜 미디어에서는 비밀이 없다는 사실을 기억하자. 부모가 친구로 있으면 아이들은 게시물을 올릴 때 신중해진다.

다섯째, 사진은 항상 부모의 허락하에 올리도록 한다. 그러면 아이가 부적절한 사진을 충동적으로 공개하기 전에 부모가 미리 살펴볼 수 있다. 한동안 이런 방침을 유지하면 아이는 온라인에 어떤 사진을 게시해도 괜찮은지 부모가 생각하는 기준을 이해하게 된다. 아이 스스로 적절히 판단하는 모습이 엿보이면 부모의 개입을 줄이면서 아이에게 책임감을 심어준다.

한마디 더 하자면 해마다 새로운 플랫폼이 등장하기 때문에 최신 정보를 계속 알아두는 것도 좋다.

전화보다 문자가 더 편한 아이들

한 여학생이 남자친구에게 받은 문자 메시지를 보여줬다. "우리 그만 만나는 게 좋겠어. 학교에서 보자."

문자 메시지는 현대인의 삶에 굳게 자리 잡았다. 부모들은 아이가 늘 문자로 소통하는데 그래도 괜찮은지 묻는다. 가장 흔한 질문 중 하나는 "저희 애가 한 달에 문자를 만 개에서 2만 개쯤 보내는데 그래도 괜찮을까요?"이다. 아이들은 문자로 온갖 얘길 다 한다. 문자로 사랑에 빠지고, 이별을 통보하고, 이제 지겨워졌다고 말하고, 일정을 공유하고, 머릿속에 떠오르는 온갖 생각을 충동적으로 여과 없이 쏟아낸다. 문자 메시지는 많은 사람이 가장 선호하는 의사소

성공하는 아이는 넘어지며 자란다

통 수단으로 자리 잡아 요즘에는 심지어 바로 옆에 있는 사람과도 문자로 소통한다.

무서운 통계 수치 하나를 소개하자면, 청소년들이 보낸 문자 중 4분의 1은 수업 시간에 보낸 것이다.[5] 이 수치는 아이들이 문자를 주고받는 데 정신이 팔려서 수업 내용을 놓치고 있을 뿐 아니라 친구와 말로 소통할 수 있을 때조차 문자로 소통한다는 점을 보여준다. 이런 결과는 아이들이 쉬는 시간이나 점심시간까지 기다리지 못하고 친구에게 하고 싶은 말이나 나누고 싶은 생각을 즉시 소통한다는 점을 보여준다.

약어나 두문자어를 즐겨 쓰는 것 역시 빨리 소통하고 싶은 욕구 때문이다. 예전에는 글자 하나를 입력하려면 작은 키패드를 여러 번 눌러야 했고 문자 길이에도 제한이 있어 줄임말을 쓸 만한 이유가 있었다. 하지만 요즘은 넓은 문자판에 글자가 전부 표시되고 자동완성 기능이 있는데도 아이들은 문자 입력 시간을 줄이려고 줄임말을 쓴다. 문자는 여러 면에서 즉각적인 만족에 길들여진 아이들의 욕구를 충족시켜준다.

물론 문자로 소통하는 것은 간단한 이야기를 손쉽게 나눌 수 있다는 확실한 장점이 있다. 하지만 이런 소통에는 몇 가지 문제가 뒤따른다.

보이지 않는 비언어적 단서

다른 사람과 상호작용하면서 자기 생각을 효과적으로 전달하는 능력은 성장기 청소년들이 반드시 습득해야 할 능력이다. 의사소통 능력은 교사들이 성공하는 학생의 특성으로 꼽은 것 중 하나이기도 하다. 자기 생각을 명확하게 전달할 줄 알면 또래, 교사, 고용주, 부모와의 관계에도 도움이 된다.

문자를 주고받는 것도 의사소통의 하나다. 그렇다면 문제 될 게 없지 않을까? 문제는 우리가 언어로만 소통하지 않는다는 데 있다. 우리는 말투, 목소리의 높낮이와 빠르기, 크기와 더불어 얼굴 표정, 제스처, 몸 자세로도 소통한다. 아이들은 서로 얼굴을 맞대고 모일 때마다 의사소통 기술을 익힌다. 야구 연습을 하면 야구 실력이 좋아지듯, 의사소통을 많이 할수록 의사소통 능력이 좋아진다.

전화 통화를 할 때도 우리는 다양한 의사소통 기술을 사용한다. 전화로 대화를 나눌 때는 말의 내용뿐 아니라 말투나 뉘앙스를 알아차릴 수 있다. 그리고 상대가 화를 내거나 망설이고 있는지, 나를 칭찬하는지 빈정거리는지, 자신감이나 관심을 드러내는지 알아차릴 수 있다. 얼굴을 맞대고 대화할 때는 표정을 읽고 기분을 파악할 수 있다. 무슨 말을 했을 때 상대가 눈을 굴리거나 얼굴을 찌푸리거나 자리를 뜬다면 그 비언어적인 피드백을 보고 상대가 내 말을 든고 기분이 상했음을 곧장 알아차릴 수 있다.

하지만 문자로는 비언어적 단서를 파악할 수 없다. 그것만 보고 문자를 보낸 사람의 말투나 기분을 파악하기란 거의 불가능하다. 그 때문에 문자를 주고받을 때는 서로 얼굴을 맞대고 얘기할 때보다 상대방의 기분을 상하게 하는 말이나 농담을 더 오래 지속한다. 그러다 보면 관계에 긴장감이 감돌고 극적인 드라마가 연출되기도 한다. 문자로 소통하는 것은 삶의 기술을 향상시키지 못하기에 기껏해야 최소한의 의사소통이라고밖에는 볼 수 없다. 오늘날 청소년들은 문자를 한 달에 평균 만 건씩 주고받으며 최소한의 소통만 한다. 매일같이 수백 개의 문자를 보내면서 아이들은 엄청난 배움의 기회를 놓치고 있다.

문자 대신 직접 소통을 장려하자

우리는 대화할 때 대개 듣는 사람을 염두에 두고 말을 한다. 얼굴을 맞대고 대화를 나눌 때는 듣는 사람을 직접 보면서 어떤 식으로 얘기하는 것이 적절한지 판단할 수 있다. 표현, 내용, 맥락, 수위를 청자에 따라 조절하는 것이다. 예를 들어 친구의 오빠가 주변에 있다면 그 친구를 두고 험담을 늘어놓지는 않을 것이다. 그래서 문자를 보낼 때 우리는 흔히 받는 사람만 그 내용을 볼 거라고 생각한다. 하지만 청소년들은 자신이 받은 문자를 다른 사람과 공유하는 경우가 많고, 그 때문에 그 얘기가 제삼자의 귀에 들어갈 때가 많다.

문자를 통한 소통은 무언가를 간단히 물어볼 때나 약속 상대에게 몇 분 늦는다고 연락하는 상황에서는 굉장히 유용하다. 또 지금 통화가 가능한지 알아보기에도 좋다. 하지만 요즘 청소년들은 문자로 몇 시간씩 '대화'를 한다. 부모는 자녀가 문자로 소통하는 양이 통화량이나 직접 대면해서 대화를 나누는 양과 균형이 잡혀 있는지 살펴봐야 한다. 그리고 아이가 친구와 소통할 때는 되도록 전화 통화를 하거나 직접 만나서 대화하도록 격려하자. 아이가 이웃에 사는 친구와 문자를 주고받는다면, 친구를 집에 초대하거나 친구 집에 가서 얘기를 나누는 게 어떠냐고 제안해본다. 얼굴을 보고 직접 말하는 대신 매일 수백 개의 문자만 보낸다면 듣는 사람의 반응을 살피고 어조를 조절해볼 기회는 사라지게 된다.

문자는 오해를 사기 쉽다

여자아이: 오늘은 네 친구가 안 왔으면 좋겠는데, 친구한테 얘기해줄 수 있어?

남자친구: 글쎄.

여자아이: 나는 너랑 둘이 있고 싶은데.

남자친구: ….

여자아이: 나한테 화났어?

남자친구: 아니.

여자아이: 정말?

그 후 여자아이가 몇 번 더 문자를 보냈지만 남자친구는 몇 시간 동안 답장이 없었다. 여자아이는 엄청 당황한 채로 상담실에 와서 남자친구가 여전히 자기를 좋아하긴 하는지, 자기랑 헤어지려고 하는 건 아닌지 걱정했다. 그리고 한 시간 후에는 남자친구에게 친구를 데려와도 괜찮다면서 미안하다고 다시 문자를 보냈다. 마침내 남자친구에게서 답장이 왔다. "진정해. 무슨 일이야?" 알고 보니 남자친구는 가족과 함께 외식을 나가서 여자친구가 보낸 문자를 보지 못했다. 여자아이는 남자친구의 무응답을 두고 온갖 억측을 한 것이다. 상담하면서 왜 남자친구에게 전화를 걸어보지 않았냐고 문자 여자아이는 '어색해서'라고 했다.

문자로 소통하는 것은 디지털 시대의 문화 현상이다. 핸드폰 덕분에 문자를 보내기가 엄청 쉽다 보니 청소년들은 생각도 없이 문자를 보낸다. 문자 메시지 작성 능력을 조사한 설문조사에 따르면 조사에 응한 청소년의 47퍼센트가 눈을 감은 채로 문자를 보낼 수 있다고 한다.[6] 그 때문에 문자에는 청소년 특유의 충동성이 고스란히 드러난다.

우리는 문자가 청소년들 사이에서 갈등을 불러일으키는 상황을 수없이 목격했다. 문자로만 대화를 이어가다 보면, 상대가 보낸 내용을 오해하고 거기에 충동적으로 반응할 위험이 크다. 게다가 직접 얼굴을 보고 말할 때보다 뻔뻔하게 굴기도 쉽다. 처음에 순수하게 시작한 대화는 어느 순간 일부 내용이 오해를 사면서 틀어지기 시작한다. 그러면 상대는 그 내용의 의미를 제대로 확인해보지도 않고 충동적으로 신랄한 반응을 보인다. 두 사람 다 상대방의 얼굴에 드러난 상처, 분노, 당혹감, 슬픔을 보지 못하기 때문에 경솔하게 거친 말을 쏟아내고, 오해에서 비롯된 말로 감정이 격해진다. 무해한 문자 하나가 갈등의 씨앗이 되어 서로의 감정을 상하게 하는 것이다.

가정에서 규칙을 정해둘 필요가 있다

아이들은 어쨌든 앞으로도 문자로 소통할 것이다. 따라서 말이나 글로 소통할 때와 마찬가지로 문자로 소통할 때 따라야 할 지침을 알려주자.

가정에서는 중요한 이야기는 당사자에게 직접 말하고 문자로 전달하면 안 된다는 규칙을 정하자. 예를 들어 집에 조금 늦게 들어가도 될지, 친구를 초대해도 될지 허락을 구할 때는 문자를 보내면 안 된다. 이런 규칙을 세우면 아이들은 중요한 행사에 동행을 요청하거나 이별을 통보하거나 개인적인 감정을 이야기할 때 문자로 소통해서는 안 된다는 것을 배운다. 나중에 사회에 나갔을 때 아파서 결근하거나 일을 그만두는 상황에서도 문자로 통보하는 것은 금물이다.

비대면 세상에서 아이가
잘 소통하기를 바라는 부모에게

현재 상황

기술은 현대인의 삶을 굉장히 편리하게 바꿔놓았다. 하지만 그 결과 아이들은 온라인을 비롯한 비대면 세상에 익숙해지고 있다.

잠깐 생각해보기

발전한 기술 덕분에 우리는 직접 만나지 않아도 서로 관계를 맺고 소통할 수 있다. 온라인 게임을 하면서 친구를 사귈 수 있고, 용건은 간단하게 문자로 전하면 된다. 하지만 이런 편리한 환경은 성장하는 아이가 소통 능력을 키우는 데 방해가 되기도 한다. 컴퓨터나 핸드폰만 있으면 혼자 외롭지 않게 시간을 때울 수 있는데 굳이 다른 사람과 애써서 상호작용할 필요를 느끼겠는가.

조언

무조건 컴퓨터와 핸드폰을 멀리하라고 말할 수는 없다. 그 대신 기술이 만드는 비대면 환경에서 아이가 타인과 건강하게 소통하며 성장하도록 부모가 책임감 있게 도와주자.

1. 또래와 어울리기 힘들어하는 아이일수록 게임에 쉽게 빠진다. 아이가 사회로부터 단절되지 않도록 부모의 적절한 개입이 필요하다는 사실을 인지하자.

2. 아이가 게임을 할 때 혼자 하는 것보다 다른 사람과 상호작용하며 하는 게 좋다. 게임을 하는 장소도 닫힌 공간이 아닌 열린 공간이어야 한다.

3. 아이가 온라인에서 사귀는 친구를 주의 깊게 살펴보자. 어떤 친구인지, 지나치게 개인 정보를 주고받진 않는지 아이에게 자주 묻고 대화하는 게 중요하다.

4. 소셜 미디어에 충동적으로 사진이나 글을 올리지 않도록 주의시키자. 게시물을 올릴 때는 사전에 충분히 생각해보라고 말해주자.

5. 아이가 친구와 문자 메시지로 소통할 때는 신중하게 말하도록 이끌어주고, 중요한 이야기는 직접 만나서 하라고 조언하자.

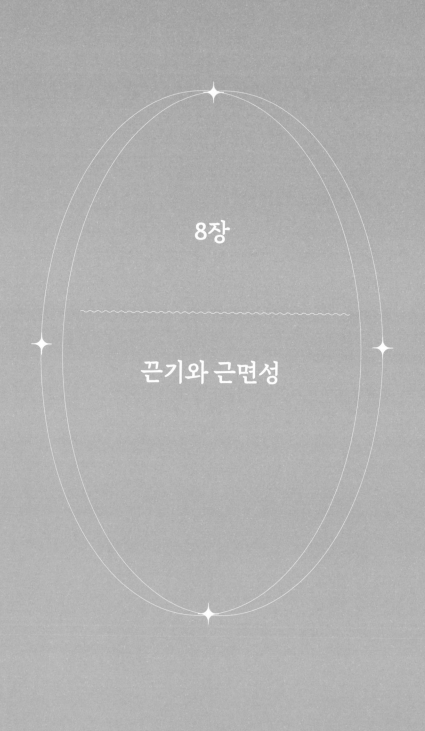

8장

끈기와 근면성

스포츠에서 배우는 교훈

　친구 중에 열두 살 리틀리그 야구팀을 이끄는 코치가 있다. 리틀리그 시즌은 4개월쯤 이어지며 스물다섯 경기 정도를 뛰어야 한다. 친구가 이끄는 팀은 시즌 막바지 토너먼트에서 결승에 올라 아름다운 준우승 트로피를 거머쥐었고, 아이들은 이 트로피를 매우 자랑스러워했다. 시즌이 끝나고 한 부모가 전화를 해서 자기 자녀가 트로피를 받을 수 있을지 물었다. 친구는 몇 분 후에야 그 아이를 기억해냈다. '야구가 진절머리 난다'며 불과 네 경기 만에 팀을 이탈한 아이였다. 아이는 지난 3개월간 연습에도 참여하지 않고 경기도 스무 경기 넘게 결장했지만 아이의 부모는 그래도 아이가 준우승 트로피를 받을 자격이 있다고 생각했다.

과거에는 아이들이 운동을 시켜달라고 졸라대던 시절이 있었다. 하지만 요즘은 많이 달라졌다. 오히려 부모들이 아이의 의견은 묻지도 않고 스포츠 팀에 등록시킨다. 아이가 원하지도 않는데 한 해 내내 리그에서 경기를 치르는 경우도 드물지 않다. 그리고 좋은 코치를 붙여주고 싶은 욕심에, 혹은 친구들과 한 팀에서 뛰게 해주고 싶은 마음에 '코치 쇼핑'을 하는 부모도 많다.

부모들은 값비싼 장비를 사주고 실력 있는 팀에 들여보내고 인기 포지션을 차지하도록 입김을 넣는 등 아이가 성공적인 시즌을 보내도록 투자를 아끼지 않는다. 하지만 이런 부모의 열성 때문에 아이들이 스스로 목표를 정해 운동에 몰입하고 다른 선수나 코치와 소통하며 교훈을 얻을 기회는 사라진다. 스포츠라는 영역에서도 부모들은 아이를 즉각적인 만족에 길들이는 함정에 빠지는 것이다. 앞서 우리는 학업이라는 영역에서 부모가 지나치게 개입하는 문제를 살펴봤다. 스포츠 영역에서도 똑같은 일이 일어난다. 부모가 나서서 아이를 과잉보호하면 아이는 스스로 노력해서 결과를 만드는 기회를 얻지 못한다.

한번은 친구가 코치를 맡은 열한 살 유소년 축구팀이 챔피언십 결승전에서 패배한 직후의 장면을 볼 기회가 있었다. 아이들은 모두 메달을 받고 함박웃음을 지었다. 여기저기서 가족들의 포옹이

성공하는 아이는 넘어지며 자란다

이어졌고 축하 파티 이야기가 들려왔다. 지금 막 경기에서 진 팀 같아 보이지 않는다는 내 말에, 친구는 아이들이 토너먼트 경기에서 이번 시즌 최고의 경기를 펼쳤고 기대보다 훨씬 좋은 결과를 이끌어냈다고 말했다. 아이들에게는 이만큼 경기를 잘 치른 것이 엄청난 성공이었고, 모두가 이 아이들을 진심으로 자랑스러워했다.

교육 전문가들이 아이들의 성공을 예측하는 가장 강력한 요인으로 꼽은 특성들은 운동 코치들이 강조하는 것과 유사하다. 코치들은 운동선수로 성공하기 위해 필요한 특성으로 근면, 노력, 끈기, 큰 그림을 보는 능력을 꼽았다. 운동을 배우는 아이들은 코치로부터 '근면', '연습', '팀워크', '전력투구'와 같은 말을 자주 듣다 보니 어려서부터 이런 개념에 익숙해진다. 그리고 이 소중한 삶의 기술을 재미있고 보람 있게 배울 수 있다. 더불어 규칙적인 운동이 성장기 아이들의 건강에 얼마나 유익한지 생각해보면 스포츠가 아이들의 건강한 성장에 얼마나 도움이 되는지 알 수 있다.

또한 아이들은 다른 아이들과 함께 운동을 하면서 친구를 사귀고 또래와 소통하는 사회적 기술을 배운다. 팀 스포츠는 이런 필요를 완벽하게 채워준다. 놀이는 아이들이 자연스럽게 터득하는 것이지만, 다른 친구들과 잘 어울려 놀기 위해서는 연습이 필요하다. 어린 시절 팀 스포츠는 어울려 노는 기술을 연습하는 훌륭한 기회가 된다.

아이들은 팀 스포츠를 통해서 근면성, 노력하는 자세, 끈기를 기를 수 있지만, 이것은 부모가 이런 가치를 옹호할 때만 가능하다. 부모가 코치를 비판하고 출전 시간을 두고 불평한다거나 아이가 경기를 뛰지 않고 받은 트로피를 칭찬하면 코치가 아이들에게 가르치려는 가치는 훼손된다. 부모가 아이의 팀 활동을 진두지휘하면서 아이가 선수로서 성공적인 경험을 하도록 아이보다 더 많은 노력을 쏟으면 아이는 팀 스포츠의 유익한 효과를 제대로 누리지 못하고 자신이 아니라 부모의 노력으로 성공을 거두었다고 생각한다.

팀워크

아이는 스포츠 팀의 일원으로 경기를 치르며 다른 환경에서 배우기 쉽지 않은 여러 기술을 배운다. 팀 스포츠에 참여할 때는 공통의 목표를 향해 다른 사람과 협력해야 한다. 서로 힘을 합쳐야 더 큰 성공을 거둘 수 있다는 마음가짐이 바로 팀워크의 핵심이다. 팀의 일원으로 힘을 합쳐 함께 활동할 때 즐겨 사용하는 팀워크라는 개념은 다양한 맥락에서 활용될 수 있다.

부모는 코치에게 협력하면서 팀워크를 북돋을 수 있다. 팀 스포츠에는 사회적 기술이 많이 요구된다. 선수들이 경쟁을 벌이고 친한 선수들끼리 파벌을 형성하기도 하며 때로는 도를 넘는 장난을

친다. 다행히 스포츠 팀에서는 이런 일이 벌어지는 현장에 코치가 존재하는 경우가 많다. 아이가 팀의 다른 선수와의 관계에서 문제를 겪을 때 부모가 취하기 쉬운 첫 번째 해결책은 아이의 말만 듣고 성급히 결론을 내려 상대 아이의 부모에게 전화를 걸고 코치에게 불만을 터트리는 것이다. 두 번째 해결책으로는 조용히 코치를 만나 속사정을 자세히 알아보는 방법이 있다. 그리고 나서 코치의 의견을 참고해서 아이가 직접 코치와 대화하며 이 문제에 대처할 방법을 찾도록 격려한다. 그러면 아이는 문제에 즉각 반응하기보다 신중하게 대처하는 법을 배울 수 있다.

근면성

근면성은 유소년 스포츠에서 굉장히 중시하는 특성이다. 교사가 어린 학생에게 학교에서 매일 책을 읽히고 집에서도 매일 책을 읽으라고 당부하듯, 코치는 팀 선수들에게 매일 연습을 하라고 당부한다. 야구팀 코치라면 매일 공을 주고받는 연습과 배팅하는 연습을 하라고 말할 것이다. 코치의 당부에 따라 매일 집에서 연습하는 아이는 공식 훈련 시간에만 연습하는 아이보다 기량이 훨씬 빠르게 성장한다. 책을 많이 읽을수록 독해 수준이 올라가는 것처럼 연습을 거듭할수록 투구, 포구, 슛, 킥 실력이 좋아지는 경험에는 노력하면 보상이 뒤따라온다는 강력한 메시지가 실려 있다.

연습은 스포츠 팀 활동의 일부이기 때문에 아이들은 연습을 당연하게 받아들인다. "연습을 왜 해야 돼요? 그냥 경기만 뛰면 안 돼요?"라고 묻는 아이는 거의 없다. 아이들도 코치가 뭐라고 대답할지 알기 때문이다. 아이들은 군이 말하지 않아도 연습 시간이 쌓일수록 팀의 실력이 좋아지는 것을 경험을 통해 깨닫는다. 아이들은 '노력에 보상이 따른다'는 점을 반복해서 배워야 한다. 이런 지식과 경험이 나중에 삶에서 난관을 맞닥뜨릴 때 힘이 되어주기 때문이다.

노력에 보상이 따른다는 메시지는 특히 즉각적인 만족을 추구하는 아이들에게 더없이 소중한 교훈이다. 팀 스포츠에서는 즉각적인 만족을 얻을 일이 거의 없다.

의사소통 능력

팀 스포츠에서 큰 비중을 차지하는 또 다른 요소는 바로 의사소통이다. 의사소통 능력은 다양한 환경에서 연습할수록 향상된다. 팀 스포츠 활동에 참여하는 것은 여러 가지 면에서 의사소통 능력을 향상시키는 기회를 준다. 우선, 어린아이들에게 코치의 지시를 따르는 일은 새로운 경험일 수 있다. 아이들은 부모나 교사의 말을 따르는 데는 익숙하지만 부모나 교사는 아이가 선택의 여지 없이 날마다 만나야 하는 어른이다. 반면 코치라는 새로운 권위자의 말에 귀를 기울이기까지는 연습이 필요하다. 코치는 아이들의 안전한 활동을 위해 규칙을 엄격하게 적용하며 부모나 교사와는 다른 방식으로 아이들이 규칙을 따르게 이끈다.

아주 어린 아이들을 가르치는 코치들은 대개 유아기에는 운동과 스포츠를 사랑하는 마음을 길러주는 것이 활동의 목적이라는 점을 이해하지만 아이가 커갈수록 규율은 엄격해진다. 코치에게는 확실한 목표가 있다. 그것은 바로 선수의 기량을 향상시키고, 동시에 스포츠를 사랑하는 마음과 팀에 헌신하는 자세를 기르는 것이다. 코치는 연습하고 경기하는 내내 선수들과 끊임없이 소통한다. 그리고 정도의 차이는 있어도 대부분 부모보다 훨씬 엄격하다.

하지만 코치와 선수 사이의 의사소통에서 가장 좋다고 생각되는 부분은 바로 전자 기기가 파고들 틈이 없다는 점이다. 코치와 선수 간의 의사소통은 단순한 언어 소통에 비언어적 단서가 곁들여진다. 코치가 연습 중에 선수에게 문자 메시지나 이메일을 보내는 경우는 없다. 코치는 선수에게 직접 이야기하고 어떤 플레이를 기대하는지 몸소 보여준다.

팀 스포츠를 시작하는 시기

매년 팀에 소속되어 경기를 뛰는 아동 및 청소년은 3,500만 명에 이르며, 그중엔 대여섯 살 된 유아도 있다.[1] 유소년 스포츠를 시작하는 단계는 크게 네 단계로 나뉜다. 여기서는 편의상 각각 유년부, 초등부, 중등부, 고등부로 구분하려 한다.

유년부, 재미에 중점을 두기

유년부는 대개 아이들이 유치원에 입학하는 여섯 살부터 시작

성공하는 아이는 넘어지며 자란다

된다. 유년부 리그 규모가 제법 큰 스포츠로는 축구, 티볼(야구와 유사하며 티 위에 올려진 공을 친다―옮긴이), 소프트볼이 있다. 유년부 리그와 코치의 목표는 아이가 해당 종목을 시도해보고 흥미를 갖게 하는 것이기 때문에 대체로 친한 친구들끼리 같은 팀에 들어갈 수 있도록 허용해준다.

유년부 경기는 대부분 재미에 중점을 두기 때문에 점수를 매기는 경우가 드물다. 실제로 경기를 치른 양 팀 모두가 자기 팀이 이겼다고 생각하면서 집에 돌아갈 때가 많고, 그것도 좋은 일이다. 이 시기에는 기초를 익히고 재미를 느끼는 것으로도 충분하다. 유년부에서는 코치가 상대팀 아이를 도와주는 모습도 흔히 볼 수 있다.

어린 나이에 스포츠를 통해 배우는 기술은 아이의 인생에 지속적으로 영향을 미친다. 여기서 우리가 말하는 기술은 공을 차거나 던지는 기술이 아니다. 연습하면 실력이 좋아질 수 있다는 것을 어린 시절에 경험한 아이들은 운동 외의 영역에서도 같은 기대를 품는다. 학교에 입학해서 공부 습관을 형성하는 시기에도 더할 나위 없이 좋은 경험이다. 노력과 연습, 규율의 가치를 배우기 쉽지 않은 요즘 아이들에게 유년부 스포츠 활동은 이런 소중한 가치를 배우는 기회가 된다.

초등부, 다양한 종목에 도전

초등부 리그는 초등학교 3학년에서 6학년 학생으로 구성된다. 초등부는 여러 면에서 유년부와 다르다. 그중 가장 중요한 변화는 참여할 수 있는 스포츠 종목이 훨씬 다양해진다는 점이다. 이 시기에 입문할 수 있는 미식축구, 배구, 하키, 농구는 엄청나게 많은 아이들을 끌어모으며 경쟁도 치열하다.

초등부 코치들은 유년부와 달리 승리를 염두에 두고 팀을 꾸린다. 참가상이 사라지고, 친한 친구들을 한 팀으로 묶는 대신 드래프트를 거쳐 기량이 비슷한 아이들로 팀을 구성한다. 연습량도 늘고 코치의 기대 수준도 높아진다.

초등부 시기는 아이들이 자신의 새로운 면모를 발견해 나가기 좋은 시기이기도 하다. 또 스포츠에서는 계획을 세우고 끈기를 발휘하는 능력이 중요한데, 이는 충동적이고 산만하기 쉬운 아이들에게 꼭 필요한 능력이다. 어느 종목에서든 좋은 선수가 되려면 경기를 이해하고 유리한 상황을 만들어야 한다. 이 말은 곧 경기에서 무슨 일이 벌어질지를 알고 그것에 대비해서 계획을 세워야 한다는 뜻이다. 그러기 위해서 아이는 갖가지 세부사항에 주의를 기울이고 다른 선수를 고려하면서 적극적으로 경기에 임해야 한다. 오늘날에는 일상생활에서 이런 연습 기회가 잘 주어지지 않으므로, 스포츠

성공하는 아이는 넘어지며 자란다

활동이 이런 능력을 연마할 기회가 되어줄 수 있다.

아이가 초등부 리그에 참가할 나이가 됐을 때 이런저런 핑계를 대면서 아이를 등록시키지 않는 부모들이 있다. 그들이 말하는 가장 흔한 이유 중 하나는 리그에 참여하려면 시간과 돈을 많이 투자해야 하는데 아이가 좋아할지 확실하지 않으니 위험 부담이 너무 크다는 것이다. 만약 그런 상황이라면 등록 전에 각 지역의 문화체육센터에서 여는 스포츠 캠프에 참여해보는 게 도움이 될 수 있다. 그러면 기본적인 규칙과 기술, 필요한 장비와 비용을 알 수 있다. 또한 초기 비용 부담이 줄고, 아이가 해당 종목의 스포츠를 좋아해서 팀에 등록할 때 기본 기술을 갖춰 더욱 자신감 있게 첫 연습에 참여할 수 있다. 이렇게 처음에는 가볍게 시도해보는 것도 좋다.

중등부, 사회적 반경 넓히기

스포츠에 관심 있는 아이들은 이미 유년부나 초등부에서 운동을 시작했거나 중등부 시기에 팀에 합류할 것이다. 중등부보다 어린 나이대에 리그가 없어도 아이들은 대개 집이나 동네에서 친구들과 함께 기본기를 익힌 상태로 중등부 리그에 합류한다.

중등부에서 기량이 뛰어난 아이들은 이미 선수 리그로 옮겨가고 취미 리그는 대체로 기량과 상관없이 모든 아이를 대상으로 한다. 중학교에 입학하는 시기에 스포츠 팀의 일원으로 활동하는 아이는 사회적 반경이 넓어진다. 이 시기는 학업, 사교, 스포츠 등 다양한 책임과 활동을 관리하는 방법을 배우기에 좋은 때다.

고등부, 여전히 시작할 기회

고등학교 스포츠 팀의 일원으로 활약하는 것은 굉장히 뿌듯한 경험이다. 고등부에 이르면 경쟁이 굉장히 치열해진다. 종목에 따라 이미 10년 이상 운동 경험이 있는 아이도 있을 수 있다. 하지만 운동 경험이 없고 스포츠에 그다지 관심이 없던 아이에게도 여전히 기회의 문이 열려 있다. 기량이나 경력을 따지지 않고 선수를 모집하는 팀도 있다. 예를 들어 신생 팀은 경기에 나서려는 사람은 누구든 가리지 않고 받아주는 경우가 많다. 또 육상이나 크로스컨트리, 수영, 다이빙은 대규모 팀을 꾸릴 수 있어서 누구든 환영한다.

부모가 맡아야 할 역할

아이에게 부담을 주지 않으면서 아이를 돕기란 쉽지 않다. 여기

성공하는 아이는 넘어지며 자란다

서 시기별로 부모가 해줘야 할 역할을 살펴보자.

- **유년부:** 이 시기에 부모의 역할은 아이가 배고프지 않은 상태로 물과 준비물을 모두 챙겨 제시간에 연습장이나 경기장에 도착하게 해주는 것이다. 그리고 경기가 끝난 후 절대로 아이의 플레이를 비판하지 않는다. 아이가 잘해낸 것을 칭찬해주면서 정말 자랑스럽다고 얘기해준다. 유년부에서 목표는 아이가 계속 스포츠를 즐기고 싶게 하는 것이다.

- **초등부:** 아이가 기본 기술을 연습할 시간을 마련해주는 게 중요하다. 친구와 연습할 기회를 마련해주거나 부모가 연습 상대가 되어주자. 연습 시간은 즐거워야 하며 아이가 연습과 경기력 사이의 연관성을 알아차리도록 도와주면 좋다. 이 시기에도 경기 후에는 항상 긍정적으로 피드백을 해주되 다음 시합 전에 연습하면 좋을 기본 기술을 짚어줄 수 있다.

- **중등부:** 아이가 해당 스포츠 종목에 얼마나 관심을 갖고 있는지, 얼마나 진지하게 선수로서 실력을 키우려고 애쓰는지 가늠해야 한다. 아이가 도움을 요청하면 아이의 실력 향상을 위해 상당한 시간과 노력을 쏟을 마음의 준비를 해둔다.

- **고등부:** 이 시기에 부모의 역할은 크게 달라진다. 아이가 도움을 요청할 때는 아이를 도와줘야 하겠지만, 대부분의 경우 코치가 부모의 지원을 요청하지 않는 한 (요청한다면 아마 모금 활동을 부탁할 것이다) 코치와 직접 소통할 일은 거의 없다. 대신 부모는 아이가 잘 자고 영양가 있는 음식을 충분히 먹고 학업과 운동 사이에서 균형을 잡도록 도울 수 있다.

유익한 운동도 지나치지 않게

한 가족이 운동과 학업의 균형을 잡는 문제로 상담실을 찾았다. 갓 고등학교에 입학한 아들이 운동선수로 뛰고 있는데 성적을 보니 C와 D를 받은 과목이 여럿이었다. 부모는 아들이 학업과 운동에 쏟는 시간과 노력을 두고 갈등했다. 가장 확실한 선택지 중 하나는 아들을 팀에서 빼내는 것이었다. 부모에게 이 상황을 코치와 의논해 봤는지 물었다. 그들은 아직 의논하지 않았다고 대답했다.

다음 날 부모는 아들과 함께 코치를 만났고, 그 자리에서 아들은 자기 성적이 얼마나 나빠졌는지 코치에게 털어놓았다. 코치는 아이가 모든 과목에서 C 이상의 성적을 받기 전까지 팀 연습에는 참여하

성공하는 아이는 넘어지며 자란다

지 않되 수업 시작 전에 혼자 훈련하고 방과 후에 보충수업을 받는 게 어떻겠냐고 제안했다. 그렇다고 팀에서 빠지는 것은 아니었다.

부모는 아들을 팀에서 빼내려다가 아들과 팀 동료, 코치의 원성을 사는 상황을 모면할 수 있었다. 그리고 아들의 부진한 성적을 비밀에 부치려고 노력했다. 전해 들은 이야기에 따르면 이 아이는 공부도 운동도 어느 때보다 더 열심히 했다고 한다.

운동은 여러모로 아이들에게 유익하지만 지나치면 좋지 않은 한계 지점이 있다. 다음과 같은 상황이라면 운동에 따르는 유익함보다 그 폐해가 더 커질 수 있다.

- 아이의 스포츠 활동에 부모가 아이보다 더 많은 시간과 노력을 쏟고 있다면 아이가 스포츠 활동에 참여하는 동기를 자세히 살펴야 한다. 아이에게 정말 관심과 열정이 있는가, 아니면 그저 부모의 기대에 부응하기 위함인가?
- 숙제할 시간이 부족하거나 피곤해서 학업에 소홀해진다면 연습량을 줄여본다.
- 아이가 운동하면서 갖가지 부상을 안고 있다면 의사나 코치와 의논해본다. 아이의 몸이 완전히 회복될 때까지 한 시즌 정도 쉬는 게 나을 수도 있다.

스포츠 활동은 특권이어야 한다. 따라서 아이가 가정 내 규칙을 지키지 않는다면 스포츠 활동과 가정생활에서의 기대치를 연결 짓는다. 예컨대 아이에게 "올가을에 원정 축구 리그에 참가하고 싶다면 집안일을 꾸준히 도와야 한다"라고 말할 수 있다.

아이가 취미로든 전공으로든 스포츠 활동을 고려한다면 늘 아이가 가정과 학교에서 해야 하는 일을 고려하자. 아이에게 여러 가지 할 일 사이에서 균형을 잡는 법을 가르치려면 아이가 선호하는 활동뿐 아니라 모든 활동을 고려해야 한다. 아이가 운동을 잘한다고 해서 반드시 좋은 팀에서 선수로 활약할 필요는 없으며 특히 일정상 무리하면서까지 그럴 필요는 없다.

부모는 아이가 선수로 뛰는 것이 정말 아이가 원해서인지 아니면 부모가 원해서인지 점검해봐야 한다. 부모가 어린 시절 선수로 뛰던 종목에서 아이도 선수로 뛰도록 투자를 아끼지 않는 부모가 있다. 그중에는 아이가 굉장히 어릴 때부터 선수로 뛰게 하면서 자신의 어린 시절 성공 경험을 이어가려는 사람도 꽤 있다. 이때 아이는 부모를 실망시키지 않으려고 부모 뜻을 따른다. 부모는 아이가 스스로 흥미와 열정을 느끼는 종목을 찾도록 허용해야 한다.

성공하는 아이는 넘어지며 자란다

코치 역할은 코치에게 맡겨라

　　고등학교 스포츠 팀 선수를 둔 부모의 역할에 관해 이야기하면서, 어느 존경받는 레슬링 코치는 선수의 부모에게 코치를 전적으로 지지해달라고 부탁했다. 그리고 이렇게 이야기했다. "저는 앞으로 3년간 부모님께서 아이를 잘 기르도록 도울 겁니다. 제가 필요하실 거예요." 그는 자신의 경험에서 코치가 부모와는 다른 방식으로 끈기, 전념, 헌신, 규율과 같은 가치를 가르칠 수 있다는 것을 알게 되었다고 말했다. 이때 부모가 아이에게 영양가 있는 음식을 차려주고 충분히 재우며 학습 시간을 마련해주면서 아이를 지지해주면, 코치와 부모가 한 팀이 되어 목표를 달성할 수 있다. 코치는 아이가 집에서 규칙을 지키고 책임감 있게 행동하며 가족 구성원으로서 보탬이 되도록 도울 수 있다.

어려서 스포츠 활동에 참여하면 여러 가지 이점을 누릴 수 있다. 스포츠 활동은 아이의 인생에 커다란 영향을 미친다. 그리고 그 중심에는 코치가 있다. 코치는 선수에게 기대하는 바가 있고, 교사나 부모와 다른 방식으로 아이들과 소통한다. 코치는 리더이자 권위자로서 선수들의 존경을 받기 때문에 코치의 말은 아이들에게 더 쉽게 받아들여진다. 한 고등학교 코치는 이렇게 설명했다. "코치에게는 더 유리한 점이 있는 셈이에요. 아이들은 코치의 눈에 들어 경기에 출전하기를 바라니까요."

훌륭한 코치는 아이가 잘 성장하도록 좋은 영향을 주고 부모의 자녀 양육에 든든한 조력자가 되어준다. 코치의 역할은 단순히 선수들의 포지션을 정하고 공을 더 멀리 차는 법을 가르쳐주는 일에 그치지 않는다. 그리고 선수와 코치의 관계는 아이가 커갈수록 그 폭과 깊이가 더해간다. 코치는 아이에게 동기를 부여하고 영감을 주는 리더와 역할 모델, 더 나아가 친구가 되어준다. 부모인 우리는 코치가 제 역할을 할 수 있게 지지해줘야 한다.

부모 중에는 아이의 스포츠 활동에 굉장히 많은 투자를 하면서 자신이 '사이드라인 코치'가 되어 코치의 말을 거스르거나 작전을 뒤엎는 부류가 있다. 그런 상황에서 스포츠는 온전히 아이의 활동

성공하는 아이는 넘어지며 자란다

이 되지 못하고 가족 활동이 되고 마는데, 아이를 생각하면 굉장히 안타까운 일이다. 왜냐하면 코치를 따르는 편이 아이에게 훨씬 유익할 뿐 아니라, 그런 상황에서는 아이가 경기에서 좋은 성적을 얻더라고 온전히 자기 성취로 받아들일 수 없기 때문이다. 또 난관에 맞닥뜨릴 때 부모가 나서서 해결해주면 아이는 문제 해결을 주도적으로 해볼 기회를 놓치고 자신감을 쌓지 못한다. 고등학생이 되고 나서까지 아이를 놓아주지 못하는 부모는 아이에게 "너는 스스로 목표를 달성할 능력이 없어"라는 메시지를 전달한다. 그러면 아이는 부모가 자신을 부족하고 무능한 존재로 생각한다고 느낀다.

종종 아이가 운동하면서 생긴 문제를 어떻게 해결해야 할지 상담실에 와서 조언을 구하는 부모들이 있다. 아이가 운동에 많은 시간을 할애하다 보면 학교 성적이나 집에서 가족들을 대하는 태도에 문제가 생길 수 있다. 그런 상황에서 우리는 거의 늘 이렇게 대답한다. "코치와 의논해보셨어요?" 앞서 말했지만 코치는 부모에게 훌륭한 조력자가 될 수 있다. 성숙한 아이라면 아이가 먼저 코치와 이야기를 나누게 해서 문제를 풀게 하자. 아이로서는 까다로운 문제를 가족이 아닌 다른 사람에게 말하는 법을 배울 좋은 기회다.

삶의 기술이 운동에서
발휘되는 방식

앞서 인격이 형성되는 아동기와 청소년기에 길러야 할 능력과 기술을 비중 있게 다뤘다. 그 능력과 기술이 운동에서 얼마나 중요한지 다시 한번 살펴보자.

시간과 노력을 들이기

모든 게 빨리 이뤄지길 기대하는 아이들은 목표를 달성하기까지 끈질기게 노력하기가 쉽지 않다. 그러나 운동에는 지름길이 없

성공하는 아이는 넘어지며 자란다

다. 좋은 선수가 되려면 상당한 연습과 훈련이 필요하다. 아무리 운동 신경이 뛰어나고 민첩한 아이라도 각 스포츠 종목에 필요한 동작을 하려면 근육을 단련하기 위해 오랜 시간 연습해야 한다. 그리고 노력을 기울이는 것은 아이에게 달려 있다.

천부적인 운동 신경을 타고난 덕분에 거의 모든 종목의 기술을 재빨리 습득하는 아이도 있다. 하지만 이런 아이도 실력을 키우려면 열심히 연습해야 한다. 재능 있는 아이들은 뛰어난 선수가 되고 싶은 마음에 더 즐겁게 연습에 임하는 경향이 있다.

대면 소통하기

앞서 살펴봤듯 아이들은 대부분 핸드폰으로, 특히 문자로 소통한다. 하지만 연습이나 경기에서는 말로 직접 소통해야 한다. 어조나 몸짓에도 신경을 써서 스포츠 정신에 위배된다는 인상을 주지 않아야 한다. 작전을 세우고 실행할 때도 명확한 의사소통이 필요하다. 그리고 선수는 코치와 소통할 때 코치를 존중해야 한다. 동료 선수가 실수를 했을 때는 동료를 감싸는 법을 배우는 더없이 소중한 기회를 얻는다.

잘 못하더라도
끝까지 열심히 해보기

아이들은 문제가 생길 때마다 부모가 나서서 해결해주는 데 익숙하다. 그래서 위험을 감수하지 않으려 드는데, 이런 성향은 운동할 때도 잘 드러난다. 하지만 어린 나이에 시작하면 설사 선택한 종목이 자신에게 잘 맞지 않더라도 큰 어려움 없이 새로운 종목을 시도해볼 수 있다. 여러 다양한 종목을 시도해보고 자신에게 잘 맞는 종목을 선택하면 된다.

아이들은 처음 뭔가를 시도해보고 잘 안 되면 대개 바로 그만두고 싶어 한다. 하지만 스포츠 팀에 소속되면 마음이 바뀌더라도 뭔가를 끝까지 해내는 연습이 된다. 훈련이나 경기 중에는 누가 와서 아이를 불편한 상황에서 구해주거나 불편한 마음을 달래줄 수 없다. 끝까지 참고 해내야 한다. 시즌 중에 운동을 그만두지 않고 지속하는 데 따르는 부정적인 결과라고는 부모가 아이의 불평을 들어 줘야 하는 것뿐이지만 긍정적인 효과는 넘쳐난다.

하루 이틀 운동이 잘 되지 않아서 아이가 운동을 그만두고 싶어 하더라도 대체로 시간이 지나면 상황이 좋아진다. 결국 스포츠를 즐기게 된 아이는 처음 생각이 항상 옳지는 않다는 사실을 배우게 된다. 또한 자신이 불편한 마음을 견뎌낼 수 있다는 점과 어떤 활동

성공하는 아이는 넘어지며 자란다

이 어려워졌다는 이유로 부모님이 그것을 그만두도록 허락하지 않는다는 점을 배운다.

여러 활동 사이에서 균형 잡기

스포츠 활동은 여러 가지 해야 할 일 사이에서 균형을 잡는 연습이 될 수 있다. 스포츠 활동보다는 학교와 가정에서 해야 할 일이 우선되어야 한다. 그리고 나서 아이들은 자신이 선택한 활동을 더 할 수 있다. 스포츠 활동은 아이가 학교와 가정에서 맡은 일을 잘해내도록 동기를 부여한다. 학교 생활과 가정생활을 잘하면 그 보상으로 자신이 정말 좋아하는 활동에 참여할 수 있기 때문이다. 아이가 준비하기, 계획하기, 의사 결정하기와 관련된 기술을 배우는 기회는 많을수록 좋다. 스포츠 활동도 그런 기회다.

운동에 관심 없는 아이라면

스포츠 외에도 유사한 경험을 하게 해주는 활동이 많다. 아이가 스포츠에 관심이 없다면, 이번 장에서 다룬 요령과 조언을 아이가 선택한 다른 활동에 적용해보자.

악기를 연주하는 것도 실력을 향상시키려면 꾸준히 연습해야 한다. 또 학교 선생님이나 부모님 외에 다른 어른에게 배우는 기회가 된다. 오케스트라, 밴드, 합창단의 일원으로 활동하면 스포츠 팀의 일원으로 활동할 때와 마찬가지로 팀워크나 책임감을 기를 수 있다.

스카우트를 비롯한 단체 활동에 참여할 때도 유사한 효과를 누릴 수 있다. 배지를 얻으려면 노력을 기울여야 하고 지역사회 봉사활동에 참여해야 하며 다른 사람들(또래, 어른, 지역사회 구성원)과 소통해야 한다.

연극반 활동도 스포츠 팀에 참여하는 것과 비슷한 점이 많다. 상당히 많은 시간을 할애해야 하고, 개인적으로 할 일을 하면서 리허설에 참여할 수 있게 시간 관리를 해야 한다. 더불어 배역에 필요한 기술을 다른 사람에게 배운다. 또한 연기력이 좋아지고 원하는 배역을 맡으려면 반드시 연습을 해야 한다.

우리와 대화를 나눈 대다수 교사, 부모, 코치는 아이를 단체 활동에 참여시키는 데서 비롯되는 대체할 수 없는 혜택이 있다고 말했다. 단체 활동은 전자 기기를 사용하는 시간을 건설적으로 대체해주고 아이가 자기 실력에 자신감을 갖게 도와주며 자아정체성에 균형을 잡아주고 다양한 환경에서 사람들과 편안하게 상호작용하는 법을 가르쳐준다. 그리고 아이들의 인생에 다른 어른 멘토가 생기는 데서 비롯되는 긍정적인 효과는 말할 것도 없다. 아이들에게 이만한 유익을 선사하는 기회는 흔치 않다.

운동을 통해 아이의 성장을
북돋아주고 싶은 부모에게

현재 상황

부모는 아이가 사람들에게 둘러싸여 행복하고 성공적인 인생을 살기를 바란다. 스포츠 활동에서는 그런 마음이 내 아이가 훌륭한 코치와 멋진 유니폼을 갖춘 우승팀의 스타 선수가 되기를 바라는 욕심으로 나타난다. 아이가 친한 친구들과 한 팀에서 활약하면서 제일 큰 트로피를 거머쥐기를 바라는 것이다. 이런 부모들은 아이가 운동에서 거둔 성과를 자랑하기를 즐긴다.

잠깐 생각해보기

부모는 아이들의 스포츠 활동이 완벽해야 한다는 생각에 사로잡히기 쉽다. 특히 부모의 어린 시절에 스포츠가 큰 부분을 차지했을 경우에는 더욱 그러기 쉽다. 부모는 우승팀을 가장 많이 배출하는 코치를 찾아 그 팀에 아이를 넣어줄 계획을 세울 수도 있다. 혹은 가장 비싸고 좋은 장비를 갖춰주고 싶을 수도 있다. 그것이 아이의 실력에 별다른 영향을 주지 못한다고 해도 말이다.

조언

부모는 운동 경기에서 승패보다 중요한 것이 있다는 사실을 아이에게 가르쳐주어야 한다. 부모가 잘 이끌어준다면 아이는 운동을 통해 끈기와 근면성을 비롯한 여러 삶의 기술을 배울 수 있다.

1. 운동에는 지름길이 없다. 좋은 선수가 되려면 연습과 훈련이 필수라는 것을 아이에게 가르쳐주자. 운동 신경을 타고난 사람이어도 꾸준하고 성실하게 연습하는 사람을 이길 수 없다고 말해주자.
2. 운동을 하다가 잘 안 되면 아이는 포기하고 싶어질 수 있다. 이럴 때 부모는 아이가 끝까지 참고 해낼 때까지 지켜봐주자. 팀에 소속되어 있으면 그만두는 것도 쉽지 않고 시간이 지나면 대체로 상황은 나아진다.
3. 아이가 코치가 정해준 포지션이 마음에 들지 않는다고 불평하면 코치에게 먼저 다가가 말해보라고 하자. 코치는 아이의 말에 귀를 기울이고 아이가 바라는 포지션을 얻으려면 어떻게 해야 하는지 알려줄 것이다. 대부분 열심히 연습하는 게 방법이다.
4. 부모는 코치가 아이에게 멘토이자 역할 모델이 될 수 있도록 코치를 지지해야 한다. 아이가 코치를 존중하도록 이끌어주자. 무엇보다 아이 앞에서 코치를 비난하면 안 된다. 그러면 해당 코치뿐 아니라 앞으로 만나게 될 코치들까지 아이들의 리더로서 역할을 제대로 수행할 수 없다.

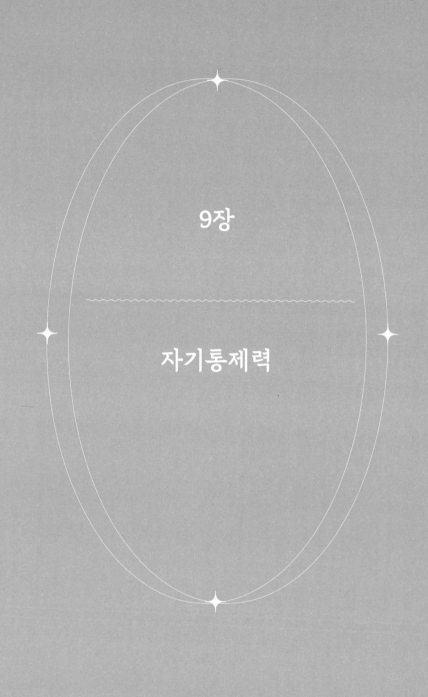

9장

자기통제력

몸을 망치는 유혹에
아이들이 빠지기 쉬운 이유

　뉴스를 보면 술을 마시고 약물을 복용하는 십 대가 점점 늘고 있음을 알 수 있다. 인터넷에서 이미 쉽게 유통되고 있는 데다 마음만 먹으면 관련 정보도 금방 찾을 수 있다. 한 청소년은 이렇게 말했다. "제가 인터넷에서 찾아봤는데 대마초는 피워도 괜찮대요. 대마초 흡연에 아무런 문제가 없다고 증명하는 글을 백 개쯤은 보여드릴 수 있어요. 정말이라니까요." 그 아이는 자신이 천하무적인 양 세상 이치를 잘 안다고 자신했다. 다른 아이들도 예외는 아니다. 술과 약물에 호기심을 느낀 아이들은 인터넷에서 술과 약물을 복용해도 안전하다는 근거를 찾아내고는 그 정보가 옳고 부모와 선생님은 틀렸다고 진심으로 믿곤 한다. 하지만 인터넷 정보는 십 대들의 논리만큼이나 오류가 많다.

한 연구에 따르면 청소년의 뇌는 성인의 뇌보다 술과 약물의 부정적 영향에 더 취약하다.[1] 청소년의 뇌는 술과 약물이 결합할 수 있는 수용기가 더 많아서 뇌가 손상되거나 발달이 저해될 가능성이 훨씬 크다. 발달 중인 뇌에서는 너무나 많은 일이 일어나기 때문에 약물이 뇌 발달 경로를 나쁜 쪽으로 뒤바꿔놓을 공산이 크다.

기능적 자기공명영상fMRI을 활용한 연구에 따르면 대마초는 전두엽과 전전두엽을 손상시킨다.[2] 앞서 살펴봤듯이 전두엽은 초기 성인기까지 계속해서 발달한다. 더 나아가 전두엽은 바로 집행 기능(계획, 준비, 의사 결정, 문제 해결 등)을 관장하는 영역이다. 청소년기는 이런 능력을 저해할 게 아니라 키워야 할 시기다.

술과 약물이 즉각적인 만족에 길들여진 오늘날의 아이들을 대표하는 특징은 아니지만 그래도 여전히 아이들에게 영향을 미치고 있다. 만족 지연은 아이들에게 쉽지 않은 일이고, 그래서 많은 아이들이 참고 기다리는 걸 어려워한다. 십 대들은 최선의 해결책이 아니라 쉽고 빠른 해결책을 찾는 경향이 있고, 술과 약물이 정말로 아무런 해를 끼치지 않을 거라 믿는다. 그것에 반하는 증거가 아무리 많아도 쉽고 빠르게 문제를 해결하고픈 마음에 깊이 생각하지 못하고 혹 생각하더라도 양심의 소리를 무시하고 만다.

성공하는 아이는 넘어지며 자란다

심사숙고하지 않는 아이들

요즘은 부모들 역시 아이들이 무엇이든 빠르게 해결될 것을 기대하고 요구하도록 기르고 있다. 심사숙고보다는 충동적인 행동을 부추기는 것이다. 아이들은 원하는 것을 바로 손에 넣는 데 익숙해서 자기 결정에 따르는 결과를 제대로 고려하지 못한다. 오늘날 아이들은 술이나 약물과 같은 물질의 사용에 따르는 위험을 어느 세대보다 더 많이 배우고 있다. 하지만 오늘날 물질이 과거보다 위험해졌음에도 아이들의 물질 사용은 계속되고 있다.[3] 원하는 것을 지금 당장 손에 넣고 싶은 욕망이 행동하기 전에 숙고해야 할 필요성을 넘어서기 때문이다.

아이들은 지금 눈앞에 있는 대상에 주의를 기울인다. 그리고 그게 자신이 원하는 것이면 곧바로 행동에 나선다. 십 대들은 대체로 충동적이지만, 즉각적인 만족에 길들여진 십 대들은 또래와 어울리려고, 권태로운 일상에서 벗어나려고, 또 더러는 반항하려는 목적으로 물질에 손을 대는 충동에 넘어가기 쉽다.

한번은 이런 일이 있었다. 열여덟 살 남학생 내담자가 주말에 술 마신 걸 들킨 후 외출 금지를 당했다며 화가 난 상태로 상담실에 왔다. 그 아이는 고작 맥주 한 캔 마신 것 가지고 부모님이 그렇게 문제를 삼아서는 안 된다고 말했다. 물론 그날 밤 부모가 알아챈 소행이 그게 다여서 그 일로 실랑이를 벌였을 뿐, 사실은 맥주를 다섯 캔 마셨고, 친구들 중 '가장 멀쩡한' 친구가 운전하는 오토바이를 타고 다녔다는 말을 덧붙였다. 술을 가장 적게 마신 친구가 오토바이를 몰도록 한 것이 신중한 선택이었다면서 말이다.

그 아이는 음주운전에 어떤 결과가 뒤따를 수 있는지 한 번도 생각해보지 않은 것 같았다. 여러모로 생각이 짧았다. 우선, 그 아이는 그날 밤 맥주를 훨씬 많이 마셔놓고도 '고작 맥주 한 잔' 마셨다고 부모가 외출 금지를 시켰다며 분통을 터트렸다. 그리고 놀고 즐기는 데만 정신이 팔려서 음주운전에 치명적인 결과가 뒤따를 수 있음을 생각하지 못했다.

이 남학생은 성적이 우수하고 봉사활동을 많이 하는데 이 사실이 놀랍게 느껴지는가? 이 남학생은 대체로 다른 사람을 배려할 줄 아는 영리한 아이였다. 그런데 그날 밤에는 왜 그리 무책임하게 행동했을까?

현대 사회는 빠르게 생각하기를 권장한다. 교실에서는 선생님이 질문했을 때 가장 먼저 손을 든 학생이 지목을 받는다. 운동장에서는 가장 먼저 도착한 아이가 놀이 규칙을 정한다. 제아무리 아무렇게나 만든 허술한 규칙이더라도 말이다. 따라서 부모는 아이들이 이런 사회적 분위기 속에서 자라나고 있다는 점을 염두에 두고 때로는 시간을 두고 여러 선택지를 비교할 필요가 있음을 가르쳐줘야

성공하는 아이는 넘어지며 자란다

한다. 술이나 약물에 손을 대는 기미가 보일 때는 재빠르게 조치를 취하고 한계를 설정해야 한다. 그래서 우리는 물질 사용의 징후를 알아차리고 한계를 설정하는 방법을 다뤄보려 한다.

아동 및 청소년을 상담할 때 우리는 아이들에게 멈춤STOPP 표지판을 떠올려보라고 가르친다. 그러면 아이들이 중요한 결정을 내리기 전에 생각을 정리하는 데 도움이 된다. '멈춤STOPP'은 '멈춘다Stop', '생각한다Think', '관찰한다Observe', '계획한다Plan', '실행한다Proceed'의 앞 글자를 딴 것이다. 이 표지판에는 선택이나 결정을 내리기 전에 거기에 따르는 득실을 따져야 한다는 생각이 담겨 있다. 처음 시작할 때는 아이가 행동하기 전에 멈춰서 생각하게 하기만 해도 성과가 좋은 것이다. 또 이 표지판의 장점 중 하나는 부모가 가정에서 쉽게 활용할 수 있다는 것이다.

인생은 늘 즐거워야 해

미국에서는 가게나 약국에 가서 감기약을 집어 먹는다는 말을 아이들에게서 심심찮게 듣는다. 아이들은 돈을 주고 감기약을 사지 않는다. 그냥 가게에서 약상자를 열어 약을 털어 넣고선 재미 보기를 기대한다. 감기약은 탈수를 일으켜 많이 복용하면 단시간 동안

환각을 불러일으킬 수 있다. 이런 이야기를 들려준 아이들 중에는 뭔가 흥분되는 경험을 하고 싶다는 이유로 감기약을 과다 복용했다가 결국 응급실에 실려 간 경우도 여럿 있다. 아이들은 어려서부터 자극적인 정보가 넘쳐나는 환경에서 살아간다. 그러면서 점차 끊임없는 흥분 상태에 길들여진다. 이처럼 그저 심심하다는 이유로 술이나 약물에 손을 댔다가 문제가 생기는 아이들이 많다.

아이들은 기회가 생기면 충동적으로 행동하는 경향이 있기 때문에 집 안의 손닿는 곳에 보관된 술이나 처방약, '잘못된' 방식으로 투약하면 짜릿한 기분을 맛보게 해주는 비처방 약을 찾아 나서기도 한다. 따라서 부모는 집 안에 보관 중인 술과 남은 처방약을 주기적으로 확인해야 한다. 약상자에 가벼운 수술 후 복용하고 남은 바이코딘(진통제의 일종) 다섯 알이 있다면 다섯 알이 모두 남아 있는지 이따금 확인해본다. 처방약은 청소년 자녀(혹은 자녀의 친구들)의 손이 닿지 않는 곳에 따로 보관하는 것도 방법이다.

스트레스에서 벗어나고 싶다

열여섯 살 아들의 음주 문제로 상담실을 찾은 가족이 있었다. 부모는 아들이 한 주에 몇 번씩 집이나 학교에서 술을 마시는 걸 알게

성공하는 아이는 넘어지며 자란다

됐다. 그래서 십 대 아이가 참여할 만한 알코올 중독 치료 모임을 소개받고 가족이 어떻게 대처해야 할지 조언해주기를 바랐다. 음주 문제의 근원에는 아이가 또래 관계에서 겪고 있는 어려움이 있었다. 아이는 자기 자신에 대한, 그리고 점점 악화되는 친구 관계에 대한 부정적인 생각을 떨쳐버리려고 술을 마셨다. 예전에 또래 관계 문제에 스스로 대처해본 경험이 없어서 자기 마음을 달래는 방편으로 술을 선택한 것이었다.

이 아이는 술로 마음을 달래기를 멈춘 이후에 주위의 도움을 받아 스트레스를 관리하고 친구 관계를 잘 맺는 더 건강한 방법을 찾을 수 있었다. 이제 아이는 친구들과의 관계에서 부정적인 생각이 떠오를 때 어떻게 대처해야 할지 안다.

스트레스에 대처하는 방편으로 술이나 약물이 사용되는 경우가 드물지 않다. 수줍음이 많은 사람들은 용기를 주는 물질을 찾기도 하고, 사회공포증이 있는 사람도 타인과 함께 있을 때 느끼는 긴장감을 누그러뜨리려고 술이나 항우울제를 복용하기도 한다. 비행기에 탑승하기 전이나 군중 앞에서 발표하기 전에 항불안제를 복용하는 사람도 흔히 볼 수 있다.

아이들은 말할 것도 없다. 오늘날에는 불안감과 좌절감, 자존심의 상처를 조금도 감당하지 못하는 아이들이 꽤 많다. 이런 아이들은 문제에 대처하는 능력이나 의지가 부족하기 때문에 단순히 골치

아픈 문제를 '잊어버리려고' 술이나 약물에 손을 댈 가능성이 굉장히 높다. 무엇보다 요즘 아이들은 성적 스트레스를 굉장히 많이 받는다. 게다가 스스로 문제를 해결하는 연습을 많이 해보지 못해서 자신감도 부족하다. 그러다 보니 문제를 잊을 수 있는 방법이 있고 거기에 '아무래도 좋다'는 식의 태도가 더해지면 술이나 약물을 탈출구로 삼기가 쉽다.

술이나 약물로 마음을 달래는 방법이 아이들에게 더 유혹적으로 다가오는 까닭은 그게 손쉬운 방법이기 때문이다. 문제가 있는데 그 문제를 자기가 잘 해결할 수 있을 것 같지는 않다. 게다가 문제를 잊고 기분을 좋게 해주는 쉽고 빠른 길이 있다. 그 길 앞에서 아이들은 술과 약물이 가져다줄 '이득'만 보고 거기에 따르는 '위험'은 보지 못한다.

나에게 아무 일도 없을 거라는 생각

하룻밤의 황홀한 경험이 남은 인생 전체를 망칠 수도 있지만 그 과정은 서서히 진행되기에 아이들은 그 사이에 놓인 연관성을 파악하지 못한다. 술을 마시거나 약물을 복용한 바로 다음 날 별문제가 없었다면 앞으로 계속 그렇게 해도 아무 문제가 없으리라고 넘겨짚는다. 청소년들은 근시안적이고 충동적인 특성 때문에 생긴 거짓된 안정감 속에서 어떤 행동을 해도 자신은 괜찮을 거라고 믿는다. 이보다 더 허황된 믿음은 없을 것이다. 하지만 아이들은 아직 그 사실을 알지 못한다.

연구에 따르면 설문에 참가한 미국 청소년 중 한 달간 음주운전을 하는 차에 동승한 경험이 있는 비율은 25퍼센트에 육박했고, 직접 음주운전을 한 경험이 있는 비율도 10퍼센트에 이르렀다.[4] 차 사고로 사망한 젊은 운전자의 3분의 1은 혈중 알코올 농도가 높았지만, 십 대들은 자신이 그 통계에 포함되지 않을 거라고 생각했다.[5] 또 매년 15만 명의 미국 청소년이 약물 과다 복용을 경험했지만, 대다수는 자신에게 무슨 일이 일어날 리가 없다고 생각했다.[6]

아이들이 충동적이고 손쉬운 해결책을 찾는다는 점은 이미 여러 번 언급했다. 그 외에 술이나 약물을 불법으로 사용하도록 부추기는 또 하나의 특성이 바로 현실 부정이다. 현실 부정에 빠진 사람은 사실에 주의를 기울이기를 거부한다. 미국에서는 학교마다 술이나 약물을 불법으로 사용할 때 벌어질 수 있는 끔찍한 결과를 대대적으로 선전한다. 고등학교에서는 음주 사고 관련 사진을 붙여놓고, 유치원에서는 아이들까지 약물을 멀리하겠다는 서약을 할 정도다. 부모와 교사, 종교 지도자, 사법기관 관계자들이 끊임없이 술과 약물 남용에 따르는 위험을 이야기하지만, 십 대들은 그런 일이 자신에게 일어날 리가 없다고 생각한다.

원하는 걸 얻기 위한 합리화

명문 사립학교에 다니는 고등학교 2학년생을 상담하다가 그 아이가 기말고사 기간에 애더럴Adderall을 사서 복용하고 있다는 사실을 알게 됐다. 애더럴은 집중력을 향상시키는 효과가 있어 정신과 의사가 ADHD 치료제로 처방하는 약이다. 그런데 미국에서 애더럴은 대학 캠퍼스에서 기말고사 기간에 집중력을 높이기 위해 흔히 불법으로 판매되고 있다. 지난 몇 년간은 똑같은 일이 고등학생들 사이에서도 일어나고 있다. 이 학생들은 자신이 목표로 삼은 명문 대학에 입학하려면 특정 수준 이상의 성적을 받아야 하고, 그 성적을 달성하기 위해서라면 물불을 가리지 않는다. 하지만 시험을 잘 치르려고 처방약인 항불안제를 불법으로 사서 의사의 지도 없이 복용하는 행위에는 너무나 큰 위험이 뒤따른다.

"오가닉 제품이에요." "천연 성분이라고요." "학교에서 구매하는 거랑 의사에게 처방받는 거랑 뭐가 달라요? 같은 약인데요." 불법으로 약물을 복용하는 청소년들이 둘러대는 말이다. 아이들은 자기가 원하는 약물을 복용해도 괜찮은 이유를 여럿 댈 수 있고, 자기 선택을 정당화할 이유를 찾기 위해 많은 노력을 기울인다. 실제로 이 아이들은 인터넷에서 자기 생각을 뒷받침하는 근거를 찾는 데 많은 시간을 보낸다.

아이들은 원하는 것을 손에 넣기 위해서 자기 신념을 정당화하는 온갖 근거를 찾아낸다. 이렇게 자기 신념을 합리화하는 것을 '확증 편향'이라고 부른다. 확증 편향이란 자기주장을 뒷받침할 자료만 찾는 현상이다. 그러니까 충동적으로 위험한 선택을 하는 아이는 그 선택을 정당화할 근거를 찾을 때 자기 신념을 뒷받침하는 정보에만 주의를 기울이고 자기 신념에 반하는 근거는 죄다 무시한다.

인터넷에는 약물 사용을 지지하는 글이 넘쳐나지만 그 위험성을 지적하는 연구 자료도 그것 못지않게 많다. 하지만 아이들은 그런 글에는 주의를 기울이지 않는다. 자기 생각을 지지하는 정보를 하나만 찾으면 그 정보에 의지해서 성급히 행동에 나설 때가 많다. 인터넷 검색 엔진은 검색어와 가장 일치하는 글을 상단에 보여주는데, 아이들이 정보를 찾는 방법이 다름 아닌 인터넷 검색이다. 검색창에 "마리화나는 위험하지 않다"라는 문장을 넣으면 검색 결과 상단에 어떤 글이 나올지 뻔하지 않은가.

대응 1. 함께 관련 자료를 찾아보기

술이나 약물과 관련해서 청소년들과 이야기를 나눠보면 청소년들은 부모가 나이가 많고 고리타분해서 편향된 견해를 갖고 있다고 생각하는 경우가 많다. 아이들은 대개 자신이 부모보다 최신 정보를 더 빠삭하게 알고 있다고 느낀다. 따라서 부모가 객관적인 근거 없이 견해를 밝히면 부모의 견해를 잘 받아들이지 않는다. 그럴 때는 술이나 약물이 청소년의 신체에 미치는 영향을 객관적으로 보여주는 연구 결과를 함께 찾아보는 게 도움이 된다. 그러면 부모의 견해뿐 아니라 객관적인 사실을 아이에게 알려줄 수 있기 때문이다. 한 예로 "십 대의 뇌, 약물 및 알코올 손상에 더 취약해"라는 제목으로 쓴 기사를 보면 음주와 약물 복용이 청소년의 뇌에 어떤 영향을 미치는지 알 수 있다.[7]

아이가 물질 사용을 옹호하는 글을 보여줄 때는 그 글을 아이와 함께 읽으면서 관련 사실을 짚어준다. 아이와 함께 자료를 찾아보기 전에 미리 신뢰할 만한 대학이나 연구소에서 실시한 균형 잡힌 연구 결과물을 읽어두는 것도 도움이 된다. 여러 자료를 참고한 아이는 스스로 물질 사용의 위험성을 인지하고 자신을 통제하는 계기로 삼을 수 있을 것이다.

성공하는 아이는 넘어지며 자란다

대응 2. 아이들에게 관심 갖기

수년간 청소년을 상담하며 우리가 깨달은 사실 중 하나는 부모가 아이의 친구 중에서 누가 믿을 만한 아이인지 제대로 판단하지 못할 때가 있다는 점이다. 부모가 먼저 우리와 상담하면서 아이의 친구 중에서 누구를 신뢰하는지 이야기하고 나면 십 대 자녀가 들어와 깔깔거리며 그 친구가 친구들 중에서 술이나 담배를 가장 많이 하는 친구라고 말할 때가 한두 번이 아니다.

싹싹하고 붙임성 좋은 아이가 늘 규칙을 잘 지키는 건 아니다. 신뢰할 수 있는 아이를 구분하는 확실한 방법이 있다면 가르쳐주고 싶지만 그런 방법은 없다. 최선의 방법은 아이가 친구들과 어울려 노는 모습을 가까이서 자주 지켜보는 것이다. 그러려면 아이의 친구들을 태워주거나 친구를 초대해서 집에서 어울려 놀게 하면 좋다.

십 대들이 약물을 지칭할 때 사용하는 '은어'를 알아둘 필요도 있다. 뉴스에서 많이 다뤄지는 단어라면 부모도 들어봤겠지만 요즘에는 합성 물질로 만들어진 새로운 약물이 많다. 청소년들은 캔디, 아이스, K2, 스파이스, 샐비어, 배스솔트, 몰리를 비롯해서 약물을 지칭하는 다양한 은어를 어른들이 있는 자리에서 언급하기도 한다. 어른들은 들어도 무슨 말을 하는지 알아차리지 못하기 때문이다. 관련 사이트를 이따금 방문해서 약물에 관한 최신 정보를 알아두면

도움이 된다.[8]

부모는 아이가 어떤 친구와 어울리는지, 뭘 하고 노는지 지속적으로 관심을 가져야 한다. 요즘 어떻게 지내는지 묻고, 마음을 열고 아이의 이야기에 귀를 기울이자. 자기 이야기를 솔직하게 털어놓지 않는 아이도 있겠지만, 부모가 관심을 보이는 것만으로도 아이에게 전달되는 메시지가 있다.

'우리 애는 그럴 리 없다'는
생각 버리기

한 부부가 상담을 받으러 상담실을 찾았다. 부부는 아들의 옷장 서랍에서 어떤 약물을 발견했고 이 문제를 어떻게 처리해야 할지 몰랐다. 처음에는 집에 그것을 가져갈 수 없는 친구를 대신해서 보관만 해준 거라는 아들의 말을 믿고 안심했다. 하지만 몇 주 후 집에 배달 온 상자에는 실험실에서 사용되는 것 같기도 하고 약물을 흡입할 때 쓰이는 것 같기도 한 유리관이 들어 있었다. 처음 약물의 존재를 들었을 때 친구 핑계를 댄 것이 통했으므로 아이는 자신은 그 상자에 대해 아는 바가 없고, 아마 친구 중 하나가 자기 집으로 배달 시킬 수가 없어서 우리 집으로 보낸 것 같다고 둘러댔다. 우리는 부모에게 아들의 이야기를 믿고 싶은 마음이 굴뚝같겠지만 아이가 약물을 사용하는 확실한 징후가 보이니 주의를 기울여야 한다고 말한 후 부모와 함께 이 문제에 대처할 계획을 세웠다.

우리는 아이가 실수를 저질러보고 거기서 교훈을 얻는 게 중요하다고 여러 번 강조했다. 하지만 불법 약물 복용이나 음주라는 문제 앞에서는 실수를 허용해서는 안 된다. 술이나 약물 사용에는 엄청난 정신적, 신체적, 정서적 문제가 뒤따르기 때문에 부모는 아이를 주의 깊게 살피면서 사용 징후가 보이면 곧바로 필요한 조치를 취해야 한다.

부모는 술이나 약물 사용의 징후를 어떻게 파악할 수 있는지 미리 알아둬야 한다. 그 징후는 간과하거나 무시하고 넘어가기에는 아이의 건강과 안전에 너무나도 큰 영향을 미친다. 아이에게 징후가 보일 때는 곧바로 아이에게 물어봐야 한다. 연구에 따르면 부모나 주변 아이들이 술이나 약물에 대해 터놓고 이야기하는 환경에서 아이들은 자기 통제를 더 잘하고 물질 사용에 대한 부정적인 견해를 갖게 된다. 이런 점을 무시하면서 그 징후가 저절로 사라지기를 기대하는 것은 위험성이 너무 크다.

우선 술을 마시거나 약물을 복용하는 징후를 잘 알아두는 단계에서 시작하자. 징후는 크게 행동상의 변화와 외모상의 변화로 나눠서 살펴볼 수 있다.

성공하는 아이는 넘어지며 자란다

행동상의 변화

아이의 행동이 갑자기 달라지는 경우는 대체로 드물기 때문에 그 행동에 점진적인 변화가 생기는 것에 주의를 기울여야 한다. 아이가 술을 마시거나 약물을 복용할 때 나타나는 가장 흔한 초기 징후는 평소와 다르게 몹시 피곤해하거나 지나치게 화를 내거나 이상할 정도로 비밀스럽게 구는 것이다. 또 의욕이 줄면서 평소 친하게 지내는 친구나 즐겨 하던 활동을 소홀히 한다.

이보다 명백한 징후도 있다. 술을 마시거나 약물을 복용하는 도중이나 그 직후에는 흔히 균형 감각 및 협응 능력에 문제가 생긴다. 또 술과 약물을 가까이하는 과정에서 귀가 시간을 어기거나 몰래 외출하거나 금전적인 문제를 겪을 수 있다. 새로 사귄 친구와 남몰래 연락을 주고받거나 이메일, 전화, 문자 내역을 삭제하는 행동을 할 수도 있다. 더불어 말다툼이나 몸싸움이 증가할 수도 있다.

외모상의 변화

여기서 언급하는 징후만 보고 음주나 약물 복용의 여부를 확실히 알 수는 없지만, 그래도 주의 깊게 살펴볼 만하다. 아이가 잘 씻지 않거나 지저분해 보이거나 옷차림에 신경을 쓰지 않는지 살펴보자. 신체상 변화가 나타날 수도 있다. 어떤 약물은 급격한 체중 증가나 체중 감소를 일으킨다.

술을 마시거나 약물을 복용하는 도중이나 그 직후에는 뺨이 붉게 상기되거나 눈의 초점이 흐려질 수 있다. 또 아이의 입술이나 손가락에 불에 덴 상처 혹은 몸싸움으로 생긴 상처가 있거나 건강상 문제가 있어 보일 때는 심각한 징후로 받아들여야 한다.

거절하는 요령을 알려주자

상담을 하다 보면 책임감 있고 학교 생활을 잘하고 부모와 좋은 관계를 유지하는 아이들도 많이 만난다. 이런 아이들도 술이나 약물에 노출될 수 있고 다른 청소년들과 마찬가지로 그것에 끌릴 수 있다. 따라서 '우리 애는 그럴 리 없다'고 생각하는 부모도 술이나 약물 사용의 징후와 위험성을 잘 알아둬야 한다.

아이들이 술이나 약물에 끌리는 이유가 또래에게 받아들여지고 싶어서든, 스트레스를 풀기 위해서든, 성적을 끌어올리기 위해서든, 아니면 단순히 재밌거리를 찾기 위해서든 아이들은 어떻게든 자기 선택이 안전하다는 증거를 찾을 것이다. 아이들은 쉽고 빠른

성공하는 아이는 넘어지며 자란다

해결책을 원하고, 지금 당장 기분을 좋게 해줄 방법을 찾아 충동적으로 행동에 옮긴다. 그것이 바로 즉각적인 만족에 길들여진 아이들을 위험에 빠트리는 가장 큰 위험 요소다.

아이에게 한 가지 요령을 알려줄 수 있다. 친구가 술이나 약물을 권할 때 거절하는 방법이다. 아이들 대부분은 친구가 술이나 약물을 권하는 상황을 맞닥뜨리기 마련이다. 모든 아이가 친구 눈을 똑바로 바라보고 확실하게 거절할 수 있으면 좋겠지만, 청소년들에게는 쉽지 않은 일이다. 아이가 거절을 잘 못하는 성격이라면 그럴 때 둘러댈 말을 미리 연습해두는 게 도움이 될 수 있다.

"엄마 아빠가 정기적으로 검사를 하셔. 양성 반응이 나오면 난 재활 시설에 들어가야 해."

"우리 집에 음주 측정기가 있는데 밤늦게 집에 들어가면 측정해야 해. 술 마신 걸로 나오면 나 외출 금지야."

"한번 해봤는데 별로더라고."

아이가 술이나 약물에
손댈까 봐 두려운 부모에게

현재 상황

부모들은 내 아이가 술이나 약물에 노출될 수 있다는 생각만 해도 무섭다. 더 나아가 술이나 약물에 손을 댔을지 모른다고 생각하면 커다란 두려움이 엄습한다. 이런 걱정을 안고 있다면 많은 시간을 들여서 아이를 세심히 관찰하고 아이와 갈등을 겪는 걸 각오해야 한다. 술이나 약물 사용의 징후를 살피는 일은 쉽지 않다. 부모들은 뭔가 발견하게 될까 봐 두렵고 아이에게 직접 이 문제를 어떻게 이야기해야 할지 몰라 전전긍긍한다.

잠깐 생각해보기

'그런 일이 나한테 일어날 리 없어'라고 생각하는 건 십 대 아이들만이 아니다. 부모들도 '내 아이가 그럴 리 없다'며 술이나 약물 사용의 가능성을 염두에 두지 않는다. 특히 아이가 대체로 사려 깊고 학교 생활을 잘한다면 더욱 그럴 수 있다. 또 부모들은 약물에 관한 최신 정보를 알아두거나 약물 사용의 징후를 살피기보다는 대학 진학에 더 집중하는 경향이 있다. 현실을 부정해선 안 된다.

조언

아이가 실수해보고 거기서 교훈을 얻어 삶에 필요한 기술을 습득하도록 허용해주라고 여러 번 강조했다. 하지만 음주나 약물 복용은 그런 경우에 해당하지 않는다. 여기에는 심각한 위험이 뒤따르기에 부모가 적극적으로 개입해서 아이를 관찰하고 문제에 대처해야 한다.

부모와 아이가 음주 및 약물 복용이라는 주제를 두고 건전한 대화를 나눌 수 있다면 앞으로 문제가 발생할 위험이 상당히 줄어든다. 불법으로 약물을 복용하고 술을 마실 때 따르는 결과를 아이가 확실하게 이해하도록 알려주자. 또 아이를 진심으로 사랑하기 때문에 아이의 건강을 지키기 위해서 필요한 모든 조치를 취할 것이라는 점을 확실히 일러두자. 음주나 약물 복용의 징후를 알아두고 그런 징후가 나타날 때는 그냥 넘어가지 말아야 한다. 아이가 잘못된 방식으로 술을 마시거나 약물을 복용한다는 의심이 들면 반드시 조치를 취한다. 가만히 지켜보면서 상황이 나아지기를 기대하기에는 위험성이 너무나도 크다.

Teaching Kids to Think

4부

우리 아이에게 아직
기회는 있다

10장

세상에 나갈 준비를 하는
아이에게

돈 관리를 맡겨보자

한 부모가 열네 살 딸에게 첫 핸드폰을 사줬다. 비상시에 부모에게 연락하라는 뜻으로 사준 것이었다. 그래서 데이터 및 통화, 문자 메시지의 사용량이 제한된 요금제로 가입했다. 그런데 한 달 후 살펴보니 아이는 기본료에 포함된 통화 시간을 초과했고 친구들과 많은 문자 메시지를 주고받았다. 부모는 통화 시간을 늘리고 문자 메시지를 무제한으로 사용할 수 있는 요금제로 변경해주었다. 딸과 의논하여 데이터 사용량은 엄격하게 제한하기로 했다. 그런데 딸아이가 이번에는 너무 많은 앱을 다운로드 받아서 기본료에 포함된 데이터 사용량을 훨씬 초과하기에 이르렀다. 결국 부모는 아이의 요구에 넘어가 데이터 무제한 요금제에 가입해주게 되었다. 그 결과 핸드폰 요금이 무려 5배나 불어났다.

지금껏 상담하면서 경험한 바에 따르면 성인기 부적응을 가장 잘 예측하게 해주는 요인 중 하나는 아이가 제한 없이 돈을 쓰는 것이다. 아이들 중에는 다소 이른 나이에 최신 스마트폰을 선물로 받거나 매달 값비싼 명품 의류를 구입하거나 콘서트든 뭐든 자기가 원하는 곳에 제한 없이 돈을 쓰는 부류도 있을 것이다. 하지만 이런 호사는 아무나 누릴 수 없다. 대부분의 아이는 부모로부터 주기적으로 적은 액수의 돈을 받는데, 이때 부모는 아이에게 가만히 있어도 뭔가가 저절로 주어진다는 메시지를 전달한다. 하지만 돈 관리의 중요성은 일찍 배울수록 좋다.

아이들이 알아야 할
돈의 가치

핸드폰을 쓰는 아이들이 참 많다. 대다수 십 대는 부모가 핸드폰 요금을 내준다. 그 비용이 얼마나 되는지 아는 아이들이 얼마나 될까? 아이들은 비용은 생각지도 않고 핸드폰이 당연히 늘 작동할 것이라고 생각한다. 그리고 유료 앱을 다운로드 받아도 부모의 신용

성공하는 아이는 넘어지며 자란다

카드로 청구되니 합계 비용이 얼마나 되는지 감을 잡지 못한다. 스타벅스를 드나들며 커피를 사 마시거나 매일 방과 후에 친구들과 군것질을 하는 청소년들이 얼마나 많은지 생각해보자. 이 비용 역시 쌓이면 만만치 않지만 아이들은 그 액수를 가늠하지 못한다.

따라서 부모는 아이를 위해 구입한 물건 값과 지불하는 서비스 비용을 알려주면서 돈의 가치를 가르쳐줘야 한다. 아이의 핸드폰 요금과 앱, 음악, 영화의 결제 비용 등을 아이에게 반드시 알려준다. 그리고 그 비용을 벌려면 최저 시급으로 몇 시간을 일해야 하는지 함께 계산해본다.

이 책에서 강조한 삶의 기술을 어린 시절에 가르쳐주지 못했다면, 돈을 통해서 청소년이나 성인이 된 자녀에게 효과적으로 가르쳐줄 수 있다. 어떤 상황에서 얼마만큼의 돈을 줄지는 부모가 결정해야 한다. 하지만 아이가 한도액을 다 쓰고 돈이 떨어지면 약속한 시점까지는 돈을 주지 말자. 청소년과 갓 성인이 된 젊은이들은 행동의 결과를 직접 경험할 때 가장 잘 배운다. 그러니 자녀가 지출하는 돈에 제한을 두는 것은 자제력을 기르는 훌륭한 방편이다. 다음은 우리가 자주 접하는 상황이다.

● 학생 내담자가 상담센터에 오는 길에 체크카드로 뭔가를 사먹으려고 식당에 갔다가 계산을 하려고 보니 통장에 잔액이 없어서 상담 시간에 늦었다.

- 여고생이 비싼 선글라스를 사느라고 의류 구입용 용돈을 전부 써버렸다. 그런 탓에 체육복을 잃어버리고 나서도 새로 살 돈이 없어서 학교에서 빌려주는 체육복을 입어야 했다.

- 대학생이 점심 도시락을 싸가지 않고 매일 밖에서 외식을 하다가 그달 중순에 한 달 용돈을 다 써버렸다.

- 한 젊은이는 매달 받는 용돈을 다 써버려서 마음에 드는 이성과 데이트할 돈이 없었다.

아이가 허락 없이
부모의 돈을 썼다면

일단 기본적으로 아이가 부모의 돈에 손댈 수 없게 하는 게 좋다. 부모의 통장에서 빠져나가는 신용카드나 체크카드는 절대 아이에게 주지 않는다. 하지만 갑자기 아파서 병원에 가거나 부모가 허락한 특별한 경우에만 사용 가능한 '긴급상황용 카드'를 주기로 결정한 가족도 있을 것이다. 이런 경우를 제외하고는 아이가 용돈으로 받은 현금을 사용하게 하거나 아이 스스로 관리하는 체크카드를 사용하게 해야 한다. 그러면 아이는 돈 관리를 제대로 하지 못했을 때 자연스럽게 따르는 결과에서 교훈을 얻을 수 있다.

성공하는 아이는 넘어지며 자란다

아이가 돈을 계획 없이 쓰면 부모가 나서지 않아도 자연스레 어떤 결과가 따르기 마련이다. 예를 들어 아이가 돈을 다 써버려서 통장에 돈이 없으면 가게에서 체크카드를 내밀었을 때 부모가 아니라 계산원이 결제가 불가능하다고 얘기해준다. 어떤 행사가 다가오는데 돈 관리를 잘 못해서 참여할 수 없다면 그 사실을 알려주는 건 부모가 아니라 은행 계좌다. 아무 계획 없이 원하는 걸 빨리 얻는 데 익숙한 아이들에게는 이런 경험이 강력한 효과를 발휘한다. 또한 부모가 직접 아이의 부탁을 거절하는 게 아니어서 아이와 쓸데없는 기싸움이나 입씨름을 벌이지 않을 수 있다.

우리는 아이가 허락 없이 부모의 돈을 썼을 때 어떻게 대처하냐는 질문을 자주 받는다. 몇 가지 요령이 있다.

첫째, 허락 없이 부모의 돈을 쓰면 어떤 결과가 뒤따를지 아이에게 미리 알려준다. 온라인 결제는 체크카드나 신용카드가 딸린 계좌가 있어야 가능할 때가 있다. 예컨대 아이가 아이튠즈 기프트카드를 선물 받아서 거기에 들어 있는 돈을 쓰려고 해도 카드가 딸린 계좌와 연결해야 한다. 그리고 연결 계좌는 대개 부모 명의의 계좌다. 그런데 아이는 기프트카드에 충전된 금액을 다 쓰고 나서도 여전히 그 카드와 연결된 계좌를 통해 부모의 돈을 쓸 수 있다. 아이들은 '소소한' 구입 비용이 쌓여서 어떤 영향을 미치는지 전혀 고려하지 않을 때가 많다. 부모의 계좌와 연결된 지출에도 한계가 있다는 점을 아이도 알아야 한다. 그리고 부모의 돈을 쓸 때는 항상 허락을 받게 한다. 게임 비용을 비롯해서 핸드폰으로 구입하고 부모의 카드로 청구되는 비용도 마찬가지다.

둘째, 아이가 허락 없이 부모의 돈을 썼을 때 따르는 결과를 정한다. 아이가 허락 없이 부모에게서 '빼내간' 돈이 총 얼마인지 알려주고 그 돈을 갚으라고 요구하자. 아이에게 돈이 없으면 돈을 벌 수 있는 일을 정해준다. 이때 액수는 최저 시급과 동일한 수준으로 정한다. 아이가 돈을 쉽게 벌 수 있도록 배려해주진 말자. 예를 들어 아이가 2분쯤 걸려 쓰레기를 한 번 내놓고 천 원을 받아선 안 된다. 그보다는 일주일간 매일 쓰레기를 내놓으면 5천 원을 준다. 또 집안일에 대한 대가를 놓고 가타부타하지 못하게 한다. 돈 갚을 방법을 정하는 건 부모다. 만약 부모가 쓰레기를 내놓는 건 괜찮지만 빨래를 싫어한다면 아이에게 빨래를 시켜도 좋다. 부모의 돈을 허락 없이 쓴 건 아이이므로 부모에게 결정 권한이 있다는 점을 명심하자.

아이가 의도적으로 부모의 돈을 썼는지 여부에 따라 결과를 달리하는 것도 좋다. 실수로 소액의 앱을 다운로드 받았을 때와 의도적으로 함께 정한 규칙을 어기고 거액의 돈을 쓴 뒤 그 사실을 숨겼을 때 따르는 결과는 달라야 한다. 그리고 무슨 일이 있어도 아이가 허락 없이 쓴 돈을 다 갚기 전에는 추가로 용돈을 주지 않는다.

성공하는 아이는 넘어지며 자란다

여러 가지 일을
균형 있게 해내는 일

여러 가지 해야 할 일을 동시에 해내는 법을 가르쳐주면 이제 곧 성인이 될 아이에게 큰 도움이 된다. 따라서 부모는 아이가 학업 및 과외 활동과 더불어 식사 준비, 빨래, 심부름과 같은 집안일을 거들 도록 요구해야 한다. 아이가 책임지는 집안일은 서서히 늘려가야 하지만, 아이가 집안일을 거드는 게 이례적인 일이 아니라 당연한 일이 되게 이끌어준다.

고등학교 2~3학년쯤 되면 대다수 아이들은 학교 수업이나 과외 활동과 같이 짜인 일정을 따르는 데 익숙해진다. 하지만 지금껏 부모가 뒤치다꺼리해주던 집안일을 함께 해내는 방법을 익히지 못한 아이가 많을 것이다. 아이가 곧 집을 떠나 홀로 서야 할 때를 대비해서 관련 연습이 꼭 필요하다.

고등학교 2~3학년 아이들은 너무 바빠서 뭔가를 '추가로' 할 시간이 없다고 말하는 부모도 있다. 물론 고등학교 마지막 2년 동안은 대학 입시를 준비하고 관련 정보를 찾느라 굉장히 바쁘다. 하지만 오히려 이런 이유 때문에 이 시기는 일상적으로 해야 할 일을 연습할 더할 나위 없이 좋은 기회다. 이 시기 아이들의 뇌는 여러 가지 책임을 감당할 준비가 되어 있고(4장 참고), 그 일들은 고등학교를 졸업한 후에 아이 스스로 해내야 하는 일이기도 하다. 지금 연습하지 않으면 언제 하겠는가.

십 대 후반에서 이십 대 초반이 되면 아이도 자기 몫의 집안일을 감당해야 한다. 그러면 어른이 되어 스스로 삶을 꾸려갈 때 필요한 계획성과 준비성을 기를 뿐만 아니라 자신도 가족의 일원으로서 다른 사람을 배려해야 한다는 걸 배울 수 있다. 아이는 자신을 가치 있는 가족 구성원으로 인식하고 스스로 자기 몫을 감당할 때 다른 가족에게 큰 도움이 된다는 점을 배워야 한다.

고등학교 2~3학년 아이는 정말 바빠서 때로 자기 몫의 집안일을 감당하기 어려울 수 있다. 이때는 부모가 알아서 도와주기를 기대하는 대신 아이가 먼저 부모에게 도움을 요청하는 법을 배울 완벽한 기회다. "엄마, 오늘 시험공부도 해야 하고 학교 과제도 마쳐야 하니 제 체육복 좀 대신 빨아주실 수 있어요?" 누구나 때때로 다른 사람의 도움을 받아야 하므로 아이가 도움을 요청할 때 부모가 아이를 돕는 데는 아무 문제가 없다. 오히려 이렇게 서로 돕는 경험을 통해 격동의 청소년기에 부모와 자녀 사이의 관계가 돈독해진다.

부모도 때때로 아이에게 도움을 구하면서 본을 보이자. 부모가 정말 바쁠 때는 식사 준비나 빨래, 심부름 등을 아이에게 편하게 부탁할 수 있어야 한다. 그러면 아이가 정말로 큰 도움이 될 뿐 아니라 아이의 책임감 있고 성숙한 모습을 칭찬할 기회도 생긴다.

대학 생활을
감당할 준비

　한번은 고등학교 2학년 아들을 둔 엄마가 학교 배정 문제로 전화를 걸어왔다. 그 엄마는 학교가 아이에게 잘 맞지 않는다며, 특히 선생님 두 분이 정말 '끔찍하다'고 말했다. 알고 보니 아이는 학기마다 12~15일쯤 정신건강상의 이유로 가정학습을 신청하는 버릇이 있었다. 엄마는 아이가 학업 스트레스 때문에 너무 지쳐서 학교에서는 공부를 할 수 없지만 집은 편하기 때문에 집에서는 공부를 할 수 있다고 말했다. 처음에는 학교에서 엄마에게 공부할 거리를 알려주고 아이가 집에서 공부할 수 있게 배려했다. 하지만 아이가 학년이 올라가자 선생님 두 분이 엄마의 요청을 거절했다.

그들은 학생이 직접 교사에게 연락해야 하고 스스로 과제를 해내야 한다고 말했다. 그러자 매우 화가 난 엄마는 아들을 전학시켰고, 문제가 해결됐다고 생각한 엄마는 상담을 중단했다. 시간이 흘러 아이가 고등학교 3학년이 되었을 때 그 엄마에게서 다시 전화가 왔다. 엄마는 아들이 대학 지원서 작성을 시작조차 안 한다며 자기 혼자 그 일을 전부 다 할 수 없으니 도움이 필요하다고 말했다.

아이가 지망 대학에 입학할 성적을 갖췄다고 해서 대학생으로서 학교 생활을 잘해 나가기 위해 필요한 능력을 갖췄다고 볼 수는 없다. 우리는 고등학교를 우수한 성적으로 졸업하고 바라던 대학에 입학한 자녀를 둔 부모로부터 전화를 받은 적이 많다. 대학 생활에 적응하지 못한 자녀가 입학한 지 한두 학기 만에 집에 돌아오고 싶어 했기 때문이다. 아이들은 대학 생활이 기대했던 것과 다르다고, 수업이 너무 어려워 따라가기 힘들다고, 관계상 어려움을 겪고 있다고, 자취 생활이나 기숙사 생활을 견디기 힘들다고 호소했다. 부모들은 '학교가 아이에게 잘 맞지 않는다'거나 '이상한 룸메이트를 만났다'며 애써 이유를 찾기도 한다. 하지만 그저 아이가 대학 생활을 감당할 준비가 되지 않은 경우가 대부분이다.

대학 지원은 대다수 학생에게 부담스러운 일이다. 사실 대부분 학생이 필요한 자료를 모으고 지원 과정을 마무리하는 과정에서 어른들의 도움을 받는다. 따라서 아이에게 원래 할 일을 미루는 습관이 있다면 대학 지원도 미룰 가능성이 높다. 하지만 집을 떠나 대학에 갈 마음의 준비가 안 된 경우에도 아이가 그저 대학 지원을 미루는 것처럼 보일 수 있다. 그렇다면 아이가 단순히 미루고 있는 건지, 아니면 준비가 안 된 건지 어떻게 구별할 수 있을까?

아이가 대학 지원을 단순히 미루고 있을 때는 아이에게 계획이 있고, 아이가 아직 시간이 충분하다고 생각한다는 점을 기억하자. 이런 아이들은 지원을 마치기까지 충분한 시간이 있다고 자신하며 매번 대학 지원을 미룰 때마다 자기 생각을 합리화한다. 이들은 과제를 마치기까지 걸릴 시간을 과소평가하는 경향이 있고 예기치 못한 일이 일어나는 상황을 고려하지 않기 때문에 마지막 순간에 할 일을 몰아쳐서 하곤 한다. 이런 아이들에게는 다음과 같은 성향이 있으니 참고하자.

- 마감 직전에 과제를 마무리하는 성향이 있다.
- 엉성할지라도 계획이 있고, 그 계획대로 일이 잘 풀릴 거라 믿는다.
- 시간 관리를 잘 못한다.
- 마감 직전에 급하게 과제를 마무리하느라 다른 활동을 거를 때가 있다.
- 뭔가를 끝마칠 시간이 부족해서 스트레스를 받는다.
- 과제를 완수하기까지 예기치 못한 일(컴퓨터가 멈추거나 프린터가 고장 나거나 생각지 못한 지시 사항을 발견하는 등)이 일어날 가능성을 염두에 두지 않는다.

성공하는 아이는 넘어지며 자란다

한편 대학에 갈 준비가 안 된 아이들은 지원 과정에서 저항감을 느낀다. 이런 경우 부모가 허둥지둥 아이를 밀어붙이곤 하지만, 아이는 대학 생활을 할 마음의 준비가 되지 않은 것이다. 부모들은 고등학교 3학년 기간 동안 아이를 잘 뒷바라지해서 일단 대학에 입학시키기만 하면 그걸로 목표를 달성했다고 생각한다. 하지만 준비가 안 된 아이들은 대학에 갔다가도 한 해가 못 되어 적응하지 못하고 집에 돌아올 때가 많다. 그러면 아이는 스스로를 낙오자라고 느낄 위험이 있고 진로를 다시 찾아야 한다. 아이가 아직 준비가 안 된 것처럼 보일 때는 대학 진학 외에 다른 선택지를 고려해볼 수 있다. 이런 아이들에게는 다음과 같은 성향이 보인다.

- 대학과 관련된 자료를 찾아보거나 관련 이야기를 듣거나 대학을 방문하는 데 전혀 관심이 없다.

- 지원서를 작성하라고 끊임없이 잔소리를 해야 한다.

- "알아요! 할 거라고요!"라고 말해놓고 안 한다.

- 각 단계마다 어른의 도움 없이는 아무것도 안 한다.

- 고등학교 3학년 수업을 부모의 도움 없이 따라가지 못한다.

- 주변의 어른들이 많이 거들어주지 않으면 대학 지원을 제시간에 마칠 수 없다.

- 대학 이야기만 나와도 불안해한다.

대학 교육은 특권이지 당연하게 누려야 할 권리가 아니라는 점을 아이에게 분명하게 말해둔다. 대학 지원을 시작하는 시점에 이런 이야기를 해두면 좋다. 대학이 당연한 권리가 아니라 특권이라는 점을 알면, 대학 갈 준비가 된 아이들은 대체로 대학 지원에 적극 나서는 경향이 있다.

고등학교 졸업 이후의 진로를 정할 때는 모든 선택지를 놓고 의논해보자. 아이가 집을 떠나 4년제 대학에 가는 경우, 지역 전문대학에 가는 경우, 직장을 구하는 경우 부모가 아이를 어떻게 지원해줄지 대화해본다. 그러면 아이는 생각의 폭을 넓혀 다른 선택지가 있다는 점을 확실히 알게 된다.

고등학교 졸업
이후의 삶을 위해

세상으로 나갈 준비가 되었든, 특유의 어려움을 겪고 있든 아이는 사회가 고등학교를 졸업한 사람에게 뭘 기대하는지 알아야 한다. 고등학교를 졸업하면 이제는 성인기로 들어가므로, 대학에 갔더라도 스스로 용돈을 관리하고 대학 성적을 챙길 수 있어야 한다.

용돈을 주는 문제

아이가 고등학교 졸업 후 대학에 가서 기숙사 생활을 한다면 먼저 용돈을 매달 줄지, 준다면 얼마를 줄지 결정해야 한다. 어떤 경우에도 갓 성인이 된 자녀에게 사용 한도가 없는 부모 명의의 신용카드를 줘서는 안 된다. 기숙사에서 지내면 숙식비가 전부 대학 등록금과 더불어 청구되기 때문에 홀로서기를 하기 전까지 돈을 관리하는 요령을 배우기에 좋다. 용돈이 다 떨어지더라도 먹고 자는 데는 문제가 없기 때문이다.

집을 떠난 대학생 자녀를 둔 부모가 가장 자주 불평하는 문제가 바로 돈 문제다. 이 문제는 부모가 아이에게 돈을 계획적으로 쓰도록 요구하지 않을 때 더 자주 발생한다. 따라서 매달 아이에게 주는 용돈의 액수를 정해야 한다. 그리고 그 액수는 대학생 자녀가 계획을 세워서 써야 할 정도로 제한적이어야 한다. 사실 대다수 부모가 자녀에게 지출 계획을 세워서 돈을 아껴 써야 한다고 당부하지만 그것만으로는 역부족이다. 지출 금액의 한계를 정하고 원칙을 고수해야 한다.

대학생 자녀가 용돈이 부족해서, 돈이 없어서 뭘 못한다고 불평하면 '알아서 방법을 찾아보라'고 말하자. 대학생 자녀는 스스로 지출을 조절할 방법을 찾아야 한다. 쇼핑을 줄이고 외출을 덜 하는 방법도 있고, 기숙사 식당에서 식사를 해결하면서 식비를 아끼는 방법도 있다.

부모가 기대하는
대학 성적을 알려주자

대학 생활을 시작하기 전에 부모가 기대하는 성적 수준을 알려주자. 기대치는 구체적으로 정해야 한다. 예를 들어 모든 과목에서 학점을 적어도 C나 B 이상을 받아야 한다고 정할 수 있다(아이의 수준에 맞게 정한다). 아이도 대학 교육을 받는 것이 특권이라는 사실을 기억해야 한다고 했다. 대학 교육의 기회가 모든 사람에게 주어지는 것은 아니므로 대학에 다니는 아이는 그 특권을 누릴 자격을 계속 증명해야 한다.

대학생 중에는 취직을 미루는 방편으로 대학 생활을 선택한 경우도 있다. 따라서 아이가 대학에 입학하기에 앞서 대학 생활을 잘 해내는 것이 그들이 해야 할 '일'이고 거기에는 기대가 뒤따른다는 점을 상기시킬 필요가 있다. 어떤 일이든 마찬가지지만 대학 생활에도 어려움이 따르며, 어려움을 헤쳐 나가려면 누군가의 조언이나 도움이 필요하다.

예를 하나 들어보자. 아이는 어느 수업이 굉장히 어렵게 느껴질 수 있다. 특별히 따라가기 어려운 수업이 있어서 부모가 정한 성적 기대치를 충족시키지 못할 가능성이 있을 때 아이는 부모와 의논해야 한다. 그리고 그 시기는 학기 말 해당 수업에서 낙제점을 받으리라는 것을 깨닫고 난 후가 아니라 학기 초가 되어야 한다. 부하직원이 지시받은 업무를 처리하는 방법을 모를 때 상사를 찾아가듯, 대학생은 대학 생활에서 어려움을 겪을 때 부모에게 문제를 털어놓고 함께 문제를 해결할 방법을 찾아야 한다.

아이가 부모에게 이렇게 말해보면 어떨까? "아빠, 얼마 전에 첫 전공 시험을 봤는데 D를 받았어요. 저한텐 늘 어려웠던 과목이라 진짜 걱정이 되더라고요. 그래서 학생회관에 가서 그 과목과 관련해 개인 교습을 받을 수 있는지 알아봤거든요. 정말 괜찮은 교습 프로그램이 있긴 한데 비용이 들어요. 아빠가 그 비용을 좀 지원해주실 수 있어요? 그 수업을 들을 수 있게요."

성적에 문제가 있을 때는 책임감 있게 대처하고 부모와 상의해야 한다고 일러주자. 그러면 부모는 대학생 자녀가 기대한 성적을 받지 못하더라도 놀라지 않고 아이가 최선을 다했음을 알 수 있다. 우리는 아이들이 완벽한 학생이 되기를 기대하는 게 아니다. 다만 책임감 있는 학생이 되기를 기대한다. 아이가 대학으로 떠나기 전에 미리 부모가 기대하는 바를 명확히 전달하고 수업을 따라가기 힘들 때 어떻게 상의해야 할지 일러두면 아이도 더 편안하게 부모에게 성적 이야기를 꺼낼 수 있을 것이다.

성공하는 아이는 넘어지며 자란다

아직 독립할 준비가
안 된 아이라면

　어느 날 고등학교 2학년 아들을 둔 엄마가 급하게 문자를 보내왔다. 거기에는 '긴급' 표시가 붙어 있었다. 전화를 해보니 엄마는 아들이 문학 수업에서 C를 받을 것 같다며, 아이가 성적에서 큰 비중을 차지하는 과제를 아직 제출하지 않았다고 말했다. 엄마는 선생님에게 전화를 걸어 아이가 과제를 하는 중이고 오늘 밤까지는 제출할 것이라고 말했다. 하지만 선생님은 과제를 완성할 시간이 여러 주 있었고 수업에서 이미 기한을 3일 연장해줬다며 아이가 뒤늦게 과제를 제출해도 받아주지 않을 것이라고 대답했다. 바로 그 시점에 그 엄마는 우리에게 연락해서 아이에게 한 번 더 기한 연장을 해줘야 한다는 편지를 써달라고 부탁했다. 그러면서 성적표에 C가 찍히는 한 '좋은 대학'에 가기는 글렀다고 말했다.

　아이들은 실수를 저지르고 그 결과를 직접 경험하면서 문제를 해결하는 법을 배운다. 과제를 기한 안에 제출하지 못하는 원인은 여러 가지가 있을 것이다. 준비성이 부족할 수도 있고, 그저 성적에 별 관심이 없을 수도 있다. 어느 쪽이든 이런 아이는 학업 부담이 큰 대학에 갈 준비가 되지 않은 것이다. 사실 이 학생은 문학 수업에서 C를 받았음에도 나중에 4년제 대학에 들어갔다. 그때 다시 우리에게 연락을 취해온 엄마는 아들이 여러 수업에서 낙제점을 받았고, 부모가 설정해놓은 한계보다 훨씬 더 많은 돈을 계좌에서 빼 쓰고 있다며 도움을 요청했다.

같은 주에 고등학교 3학년 딸아이를 둔 부모를 만났다. 부모는 딸이 몇 가지 과제를 끝마치지 못해서 역사 수업에서 D를 받을 것 같다고 말했다. 역사 선생님이 제출 기한을 연장해줬지만 아이는 여전히 과제를 하지 않고 있었다. 부모는 역사 성적이 아이의 평균 점수와 대학 입학에 악영향을 미칠까 봐 걱정했다. 부모는 우리가 역사 선생님에게 전화해서 아이에 대한 얘기를 잘 해주기를 바라고 있었다. 우리는 이렇게 대답했다. "D를 받는 게 당연해요. 그럴 만하게 행동했으니까요. 그리고 고등학교 3학년생이 쉬운 과제 하나 스스로 끝마치지 못한다면 그건 아직 독립할 준비가 되지 않았다는 걸 보여주는 걸지도 몰라요."

고등학교 졸업 후 바로 4년제 대학에 입학하지 않아도 고등 교육을 받을 수 있는 길이 여럿 있다. 고등학교 졸업 후 일반적인 4년제 대학 입학만이 유일한 선택지라는 생각에 빠져 있는 부모가 많다. 이런 부모들은 아이가 곧바로 4년제 대학에 가지 않으면 대학에 가려는 마음을 완전히 접을까 봐 노심초사한다. 하지만 고등 교육을 받으려는 마음을 유지시키려면 첫 번째로 가장 중요한 것은 여러 선택지를 열정적으로 소개해주는 것이다. 부모가 체념 어린 목소리로 "뭐, 4년제 대학에 안 가면 전문대학에 가는 방법도 있지"라는 식으로 이야기해서는 곤란하다. 그러면 전문대학은 별로라는 인상을 줘서 의욕과 기대감을 꺾을 수 있다.

아이에게 맞는 대학을 찾기

고등학교를 졸업하는 아이가 정서, 발달, 교육의 측면에서 얼마만큼 준비가 됐는지 파악하는 일도 필요하다. 대학마다 캠퍼스 환경과 제공하는 학생 지원 서비스가 다르다. 따라서 아이에게 잘 맞는 대학을 찾아야 한다. 이때 고려할 사항은 다음과 같다.

① 학업과 관련한 준비 상태

- 학업 난이도는 어느 정도가 적절한가?

- 학습센터나 또래 멘토링 프로그램 같은 지원이 필요한가?

- 학업을 향한 도전 의식은 충분하지만 현재 성적으로는 지망 대학에 입학하기 어려운가?

② 발달과 관련한 준비 상태

- 아직 부모의 도움이 필요하니 집에서 가까운 대학에 가는 게 좋은가?

- 학업상 4년제 대학 교육을 감당할 만한 준비는 부족하지만, 성숙하려면 집을 떠날 필요가 있는가?
- 대학 생활을 잘해 나가려면 어느 정도 체계 잡힌 생활이 좋은가?
- 기숙사에 살면서 숙식이 해결되면 대학 생활에 적응하기가 수월한가?

③ 사회성과 관련한 준비 상태

- 기숙사처럼 체계가 있는 환경에서 더 잘 지내는가?
- 아이의 사회성이 좋아서 집에서 등하교해도 사람을 사귈 수 있는가, 아니면 대학 내 환경이 더 좋은가?
- 멘토링 프로그램이 중요한가?
- 아이가 축구 경기, 동호회, 학생 단체와 같은 활동에 참여하기를 바라는가?

고등학교를 졸업하는 아이의 바람과 필요를 파악한 뒤 학업 부담이 큰 4년제 대학 교육을 받을 만한 준비가 되어 있지 않다면, 다음 몇 가지 선택지를 고려해볼 수 있다.

- **기숙사 생활이 필수인 소규모 4년제 대학:** 소규모 4년제 대학 중에는 학생 지원 서비스가 강한 학교들이 있다. 소규모 대학은 대체로 수업 규모가 작고 의무적으로 기숙사에서 지내야 한다. 그래서 체계 잡힌 생활이 가능하다.
- **기숙사 생활이 가능한 전문대학:** 이 선택지의 장점은 아이가 집을 떠나 기숙사

성공하는 아이는 넘어지며 자란다

생활을 할 수 있어서 대학 생활의 기분을 만끽할 수 있다는 점이다. 이 대학들은 대체로 2년 과정을 마치고 4년제 대학으로 편입하기 좋은 교육 과정을 운영한다. 따라서 지망 대학에 갈 만한 성적이 안 되는 학생에게 적합한 선택지다. 아이는 집을 떠나 대학 생활을 경험하면서 학점을 딸 수 있고, 지망 대학에 갈 만한 준비를 마치면 편입할 수 있다.

- **자격증 취득이 가능한 전문대학:** 관심 분야의 자격증 취득이 가능한 전문대학도 강력히 추천한다. 이 선택지는 대학 교육에 대한 관심을 높여주고, 동시에 학점 취득도 가능하다. 전문대학 학위 과정을 거치며 자격증을 취득하면, 4년제 대학에 편입하지 않아도 진로를 대비할 수 있다. 전문대학의 자격증 과정은 학부 수업을 꼭 들어야 하는 대학에 가고 싶지 않은 학생들에게 훌륭한 대안이 된다. 이런 경우 아이가 관심을 가진 직업 분야의 자격증 취득이 가능한 학교를 선택하면 된다. 요즘에는 거의 모든 학문 분야에 자격증 과정이 있다. 만약 아이가 준학사나 학사 학위를 취득하기로 결정하더라도 전문대학에서 이수한 학점을 쉽게 인정받을 수 있다.

- **기술학교:** 기술학교는 앞으로 하고 싶은 일이 명확하고 해당 직업에 학사 학위가 필요 없는 학생에게 좋은 선택지다. 수의간호사가 되고 싶은 학생이나 디자인 학교에 가고 싶은 학생이 해당할 수 있다. 아이가 관심을 가진 분야의 직업 진로를 확인해보고 자격 요건을 살펴본 뒤 목표 달성이 가능한 학교를 찾아본다.

스스로 생각할 줄 아는 아이

곧 성인이 될 아이에게 필요한 능력은 미리 계획하고 선택지를 여러 개 놓아 신중하게 고려하는 능력이며, 궁극적으로는 '스스로 생각하는 능력'임을 기억하자. 우리는 해결책이 곧바로 떠오르지 않거나 기대한 대로 일이 풀리지 않는 상황에서 아이가 바로 체념하지 않기를 바란다.

앞서 말한 고등학교 3학년 학생은 조리사 자격증 취득이 가능한 전문대학을 선택했다. 그리고 기숙사 생활이 가능한 학교를 찾아서 집을 떠나 독립적인 대학 생활을 경험할 수 있게 됐다. 대학으로 떠나기 전에 아이는 대학 생활에 대한 기대감을 드러내며 이렇게 말했다 "누가 알겠어. 결국 학사 학위를 받고 싶어질지도 모르지." 이 학생의 앞날이 어떻게 풀릴지는 알 수 없지만 어쨌든 아이는 자기 나름의 목표를 가지고 고등 교육을 받고 있다.

젊은 친구들에게 목표가 무엇이든 그 목표를 이룰 수 있다고 말해줘야 한다. 물론 목표에 가닿는 길은 여러 갈래이고 가는 길이 기대했던 것과 달라질 수 있지만 말이다.

성공하는 아이는 넘어지며 자란다

고등학교 졸업을 앞둔 아이를
응원하는 부모에게

현재 상황

고30이 되면 졸업 후의 계획이 좀 더 구체화된다. 부모는 아이가 진학할 대학을 주변에 자랑스럽게 말하기를 꿈꾸지만, 아이의 진로나 목표가 불확실하면 불안감을 느낀다.

잠깐 생각해보기

대다수 부모는 아이가 좋은 대학에 진학하길 기대한다. 그리고 기대와 달리 아이가 진로에 대해 갈피를 잡지 못하면 일단 아이가 대학에 가고 싶어 하지 않아도 대학 진학을 밀어붙여야 한다고 생각한다. 확신이 없는 아이를 밀어붙여 '계획'을 세우도록 압박한다.

조언

부모 자신부터 스스로에게 솔직해지자. 그리고 아이가 졸업 후의 진로를 두고 솔직하게 자기 마음을 드러낼 수 있게 허용하자. 부모의 목표는 아이를 책임감 있고 성실하며 자립할 줄 아는 어른으로 키워내는 것이다. 이 목표를 달성하는 길은 여러 가지다. 끊임없이 아이와 소통하자. 아이가 성실하게 삶의 목표를 찾고, 목표 달성을 위한 계획을 세우고, 그 계획을 실현할 방법을 찾으며, 무엇보다 스스로 생각하도록 가르치자.
아이가 어떤 진로를 선택하든 성인으로서 해야 할 일과 관련해 부모가 기대하는 바를 명확히 일러주고, 그 책임을 다하지 않았을 때 따를 결과도 미리 알려줘야 한다.

11장

미래에 아이가 성공하는
모습을 보고 싶다면

아이의 문제 앞에서
인내심 발휘하기

    현대 사회의 빠른 속도에 익숙해진 것은 어른들도 마찬가지다. 우리 역시 몇 가지 프로그램을 동시에 돌리다가 컴퓨터가 버벅대면 조바심이 난다. 때때로 검색창에 뭔가를 입력했는데 컴퓨터가 곧바로 반응하지 않으면 키를 너무 많이 눌러서 컴퓨터가 먹통이 되기도 한다. 아이들을 즉각적인 만족에 길들이는 원인 중 하나는 바로 부모도 즉각적인 만족에 사로잡혀 있다는 데 있다. 동영상이나 인터넷이 자꾸 끊길 때 느껴지는 좌절감을 떠올려보자. 그런 상황에서 대다수는 분통을 터트린다. 기다리는 일 분이 마치 영원처럼 길게 느껴진다. 지금 잠시 하던 일을 멈추고 시계 초침을 보면서 일 분이 지나기를 기다려보자. 그러면 일 분이 얼마나 길게 느껴지는지 알 수 있을 것이다.

어른인 부모도 원하는 정보를 언제든 얻을 수 있는 상황에 익숙해지고 있다. 컴퓨터와 스마트폰을 통해 최신 뉴스와 이슈, 이메일을 확인하고 사람들과 쉽고 빠르게 소통한다. 소셜 미디어에 올라오는 새 피드에 빠져들어 하루에도 몇 시간씩 들여다보기도 한다. 여기에 소비하는 시간이 너무 길어져서 아예 계정 탈퇴를 했다는 사람도 여럿 봤다. 그러지 않고서는 계속해서 소셜 미디어를 확인하는 행동을 멈출 수 없기 때문이다. 조바심이 판을 치는 이 시대의 빠른 속도 속에서 부모들은 자신부터 아이를 즉각적인 만족에 길들이고 있는 건 아닌지 스스로를 돌아봐야 한다.

이런 일을 겪은 적이 있지 않은가? 아이가 있는 어느 지인이 당신과 이야기를 나누던 중에 아이에게서 온 문자를 확인한다. 그러고는 아이와 주고받는 문자에 정신이 팔리더니 아이에게 무슨 문제를 해결해달라고 부탁받았는지 당신에게 말한다. 그러던 중에 금세 아이에게서 문제가 해결됐다는 연락을 받는다. 사실 아이의 문제를 부모가 대신 해결하고픈 유혹은 부모의 조바심에서 비롯되는 경우가 많다. 아이의 문제가 빨리 해결되면 부모가 안심할 수 있으니까 말이다. 아이에게 문제가 생겼을 때 문자 메시지는 부모가 쉽고 빠르게 해결책을 알려줄 수 있게 해준다. 이렇듯 해결책이나 제안을 담아 빠르게 답장하면 부모와 아이 모두 즉각적인 만족에 점점 길들여진다.

부모가 구해주기 함정에 빠지는 것은 인내심이 부족해서일 때가 많다. 아이는 하루에도 몇 번씩 부모에게 이런저런 문제가 있다고 호소하곤 한다. 그때 해결책을 제안하거나 구해주기 함정에 빠지지 않고 아이의 이야기에 끝까지 귀를 기울이려면 굉장한 인내심이 필요하다. 아이의 이야기에 귀를 기울이는 것보다 조언을 하거나 해결책을 알려주는 게 훨씬 쉽다. 하지만 그러면 아이 스스로 문제를 해결할 기회가 사라지고 아이에게 문제는 빨리 해결해야 한다는 생각을 심어주게 된다.

아이가 보낸 문자에 바로 답장하지 못하는 상황을 아이뿐만 아니라 부모 역시 잘 견디지 못한다. 하지만 곧바로 답장하지 말아야 하는 상황이 있다. 예를 들어 부모에게 약속이 있거나 개인적으로 해야 할 일이 있을 때는 답장을 바로 보내서는 안 된다. 아이는 그런 상황에서 부모가 곧바로 답장하지 못하는 것을 알아야 한다. 문자 메시지는 부모와 연락하는 한 방편일 뿐 연락이 보장되는 건 아니다.

따라서 아이가 보낸 문자에 답장하기 전에 약간 기다리는 것을 규칙으로 삼자. 회의에 참석하고 있거나 친구와 함께 있거나 혼자만의 시간을 보내고 있다면 아이의 문자에 곧바로 답장하느라 하던 일을 멈추지 않는다. 곧바로 답장하고 싶은 유혹이 몰려올 때는 그

것이 자신의 조바심 때문이라는 점을 기억하자. 부모인 내가 바로 답장하고 싶다고 해서 아이가 인내심을 기를 기회를 빼앗아서는 안 된다.

그리고 아이에게 부모와 연락할 수 있는 때를 구체적으로 알려 주자. 예를 들어 아이가 혼자 있을 때, 혼자 길을 찾아 어딘가에 가야 할 때, 부모의 허락을 얻어야 할 때는 문자에 곧바로 답장하겠다고 안심시켜준다. 또 구체적으로 언제 아이와 문자나 전화로 연락할 수 있는지 미리 서로 시간을 정해두는 것도 좋다.

성공하는 아이는 넘어지며 자란다

아이에게 모순된
메시지를 주지 않기

때로 부모는 무심코 모순된 메시지를 아이에게 전달하면서 바람직하지 못한 행동을 가르치거나 강화한다. 부모가 통화 중일 때 아이가 방해하지 않기를 바라는 부모가 있다고 해보자. 그런데 아이가 통화 중에 자꾸 말을 건다. "방해되니까 통화가 끝날 때까지 기다려"라고 여러 번 말했지만 그래도 소용이 없다. 부모는 점점 화가 치밀어 오르고 아이는 계속 성가시게 군다. 그러다 결국 부모가 아이의 요구에 굴복해 아이의 질문에 빠르게 답해주고 통화를 이어간다. 이때 아이는 부모의 감정은 중요하지 않다고, 끈질기게 조르면 원하는 걸 얻을 수 있다고 배운다. 자기 욕구가 타인의 욕구보다 중요하다고 생각하고 욕구를 즉각 만족시키는 데 익숙해진다.

상담 대기 시간 동안 다음과 같은 상황을 목격했다. 한 엄마가 통화하는 중에 아들이 끼어들어 와이파이 비밀번호를 물었다. 엄마는 기다리라고 말했지만 아이는 엄마 팔을 잡아당기며 더 큰 소리로 와이파이 비밀번호를 물었다. 엄마는 통화하고 있던 상대에게 잠깐만 기다려달라고 부탁한 뒤 조용히 비밀번호를 알려줬다. 통화 후 엄마는 조용히 아이의 아이팟을 가져가서 주말까지는 아이팟을 사용할 수 없다고 말했다. 그리고 다음에는 엄마가 통화 중일 때 방해하지 말라고 일렀다. 엄마는 통화 상대를 위해 침착함을 유지하면서도 아들에게 통화를 방해하는 행동은 용납할 수 없다는 점을 행동으로 명확히 보여준 것이다. 우리는 보통 상담실 밖에서 벌어지는 일에는 관여하지 않고 나중에 상담 시간에 이야기를 나누면서 그 과정에서 교훈을 얻게 한다. 하지만 이번 경우에는 이 엄마로부터 훌륭한 대처 방법을 배웠다.

핸드폰을 사용할 때도 부모가 먼저 모범을 보여야 한다. 어른들은 청소년들이 핸드폰을 도통 손에서 내려놓질 않는다고 불평한다. 아이가 핸드폰에 '중독'되었다고까지 표현하는 부모도 적지 않다. 부모들은 집중에 방해가 된다며 아이의 핸드폰 사용을 제한하고 핸드폰을 계속 확인하는 버릇을 없애려 든다. 그러면서 정작 자신은 가족과 보내는 시간에 핸드폰으로 이메일과 문자 메시지와 보고서를 확인한다. 가족과 외식하러 나가서 음식이 나오기를 기다리거나 아이의 경기를 보러 가거나 심지어 아이들과 휴가를 보내는 동안에도 핸드폰을 얼마나 많이 쳐다봤는지 돌아보자. 또 아무것도 하지 않고 기다리는 시간을 얼마나 못 견디는지 돌아보자. 앞서 살펴본 사례에서 아이는 기다리는 시간을 전자 기기로 채우려고 했다. 이 엄마는 무척 잘 대처했지만, 부모가 뭔가를 기다리는 동안 핸드폰을 보면서 제대로 모범을 보이지 못하는 경우가 얼마나 많은가.

아이는 부모로부터 배울 것을 결정할 때 매우 까다롭게 군다. 아이들이 과연 핸드폰 사용 시간을 줄이라는 부모의 '말'을 따를 것 같은가, 아니면 핸드폰을 가까이 두고 수시로 확인하는 부모의 '행동'을 따를 것 같은가?

실수를 인정하고 바로잡는
모습 보여주기

이 책을 읽고 있는 사람이라면 자라나는 아이들이 요즘 세대 특유의 어려움에 잘 대처할 수 있도록 도와주고픈 마음이 클 것이다. 당신이 코치든 부모든 교사든 아니면 그저 아이들 세대를 걱정하는 사람이든 이 책을 찾아서 읽고 있다면 아이들의 문제에 관심이 있다는 뜻이다. 그리고 그 점이 가장 중요하다.

부모라고 해서 뭐든지 '올바로' 해낼 수는 없다. 실수를 저지른다고 해서 부모가 무능한 것도 아니다. 그리고 부모가 자신의 실수를 용납하는 것은 부모 자신의 마음 상태뿐만 아니라 아이를 위해서도 중요하다. 부모가 항상 전문가처럼 보이면 아이들은 자신도 전문가가 되어야 한다고 느낀다. 부모가 늘 완벽을 추구하면 아이 역시 자신이 완벽하지 못할 때 부모가 자신을 자랑스럽게 생각하지 않을 거라고 느낀다. 한편 부모가 가끔 실수하는 모습을 아이에게 진솔하게 보여주면 아이 역시 자신의 실수에 관대해진다.

아이들이 부모가 어떤 문제와 씨름하는지 볼 필요도 있다. 어른이 진솔하게 실수를 인정하고 거기에 대처하는 모습을 보이는 게 아이들에게는 큰 도움이 된다. 아이는 부모가 좌절감을 이겨내고 마음을 다잡아서 문제를 해결하는 모습을 보고 배울 수 있다.

자녀를 키우는 부모가 자주 저지르는 실수는 아이의 잘못에 따른 결과를 충동적으로 정하고는 나중에 가서 너무 엄격하거나 관대하게 반응했다고 느끼는 것이다. 이는 부모가 저지르는 굉장히 흔한 실수여서 아이들에게 중요한 교훈을 가르쳐줄 때 활용할 수 있다. 아이들도 감정이 앞서서 충동적으로 반응할 때가 있기 때문이다.

부모가 화가 나서 너무 엄격하게 반응한 경우를 예로 들어보자. 가게에서 부모에게 무례하게 행동한 아이에게 화가 난 부모는 "한 달간 전자 기기 사용 금지"라고 말했다. 하지만 나중에 생각해보니 한 달은 너무 심했다는 생각이 든다. 그래서 며칠 후부터 아이가 전자 기기를 조금씩 써도 묵인한다. 이런 상황에서 부모는 자기 실수를 덮고 어물쩍 넘어가면서 아이에게 모순된 메시지를 전하지 말고 자기 생각을 솔직하게 밝혀야 한다. "그날 가게에서 네가 엄마 말을 무시해서 너무 화가 났거든. 그래서 좀 지나쳤던 것 같아. 집에 와서 생각해보니 한 달이나 전자 기기를 금지하는 건 좀 심한 것 같네. 엄마가 잘못 생각했어. 금지 기간을 일주일로 바꿀게."

반대로 너무 관대하게 반응했다는 생각이 들 때도 아이에게 솔직하게 얘기한다. "아까 엄마가 주말 동안만 전자 기기를 금지한다고 말했지만 집에 와서 생각해보니 지난번에 네가 엄마 말을 듣지 않았을 때 다음에도 이렇게 행동하면 일주일간 전자 기기를 금지하겠다고 얘기한 게 기억나더구나. 그러니까 일주일간 전자 기기 사용 금지다." 이런 식으로 부모는 충동적으로 반응했을 때 실수를 바로잡는 본보기를 보일 수 있다. 또 예전에 한 말을 근거로 명분을 세우고 상대의 행동에 어떻게 반응할지 깊이 생각하는 모습을 보여줄 수 있다. 부모라면 누구나 아이가 다른 사람에게 이렇게 반응하기를 바랄 것이다.

실수하지 않는 부모는 없다. 이 책을 읽고 나서도 모든 일마다 책의 조언에 따라 행동해야 한다는 부담감은 느끼지 않기를 바란다. 아이가 실수를 통해 사려 깊고 신중하게 행동하는 법을 배우듯이 부모도 그렇게 해야 한다는 말이다.

내 아이가 뒤처지면 안 된다는
압박감 내려놓기

　현대 사회는 급박하게 돌아간다. 이 빠른 속도에 적응을 잘하는 사람이 있는가 하면, 속도를 따라가기가 벅차서 느리게 살고 싶은 사람도 있다. 뭐든 그렇지만 삶의 속도 역시 사람마다 다르게 느낀다. 아이와 부모 모두 마찬가지다.

　정보의 소통과 교류가 늘어나면서 아이의 교육 문제로 부모가 느끼는 압박감도 커지고 있다. 부모들은 소셜 미디어에서 다른 집 아이가 참여하는 활동이나 이뤄낸 성취를 보고 자기도 모르게 자신의 아이와 비교한다. 이런 식의 정보 교류에 긍정적인 효과가 없는 건 아니지만 요즘 아이들을 대상으로 제공되는 교육 활동이 얼마나 다양한지 생각해보자. 아이가 운동을 좋아한다면 시즌 리그와 훈련 정보들이 넘쳐난다. 아이가 방학 동안 캠프에 참여하면 캠프에서 제공하는 프로그램 관련 정보가 쏟아지고, 아이가 다닐 만한 기관에 연락한 적이 있으면 그것과 연계된 기관까지 이메일을 보내온다. 부모들은 이렇게 쏟아져 들어오는 정보를 소화하기가 너무 버겁게 느껴질 수도 있고, 또 자신이 충분히 뒷바라지하고 있는지 불안한 마음이 들 수도 있다.

이렇듯 압박감이 느껴질 때 부모는 상황에 잘 대처하면서 모범을 보여야 한다. 다양한 활동을 즐기고 외부 활동에서 에너지를 얻는 아이도 있지만, 그런 상황에서 불안하고 스트레스를 받는 아이도 있다. 아이는 저마다 다르기 때문에 부모는 자기 욕심으로 아이에게 어떤 활동을 시키고 있지는 않은지 잘 살펴야 한다.

우리는 지금 굉장히 자극적인 문화 속에서 살아가고 있다. 생활은 편리하고 빠르게 변하며 기술은 놀랍게 발전하고 있다. 하지만 그 때문에 부모는 여러 함정에 빠져 양육의 방향을 잘못 잡을 수 있다. 어른인 부모도 이러한데 아이들이 엉뚱한 방향으로 성장하기란 얼마나 쉬울지 생각해보자.

조바심 내지 않고
아이를 키우고 싶은 부모에게

현재 상황

우리는 정말 놀랍도록 편리하고 발전된 문화를 누리고 있다. 그러다 보니 아무 때나 인터넷에 접속해서 정보를 찾고 일상적인 문제를 해결하는 편안한 삶의 방식에 사로잡히기 쉽다.

잠깐 생각해보기

어디서든 즉시 접속 가능한 환경에서 부모들은 자기도 모르게 조바심을 낸다. 갖가지 신기술과 새로운 정보를 습득하는 방식은 재미와 즐거움을 준다. 하지만 그것으로 인해 부모 역시 쉽고 빠른 해결책에 의존하는 성향이 되기 쉽고, 그러면 아이 역시 그 흐름에 같이 휩쓸린다. 아이에게 결코 물려주고 싶지 않은 반응 패턴을 물려주게 되는 것이다.

조언

부모가 먼저 한 걸음 물러서서 삶의 속도를 줄일 방법을 찾아야 한다. 아이들 대부분은 느린 삶의 방식을 겪어본 적이 없으므로 자신이 어떤 기회를 놓치며 나쁜 습관을 기르고 있는지를 모른다. 따라서 부모가 아이의 삶의 속도를 늦춰줘야 한다. 부모 스스로 인내심을 갖고 자신이 추구하는 양육 방식을 점검해보자.

요즘에는 빠른 속도를 따라잡아야 한다는 압박감 때문에 스트레스와 불안을 호소하는 아이들이 많다. 불안한 아이들은 이런 징후를 보인다.

- 스스로 부족하다거나 무능하다는 말을 자주 한다.
- 피곤하다는 말을 달고 산다.
- 자신과 타인을 끊임없이 비교한다.
- 학교 생활을 잘하고 있으면서도 성적이 충분히 좋지 않을까 봐 걱정한다.
- 너무 지쳐서 학교에 결석한다.

어느 아이든 불안 증세를 보일 수 있는 만큼 징후를 미리 알아둬야 한다. 그리고 부모가 먼저 삶의 속도를 높이는 행동이나 말을 하고 있지 않은지 면밀히 살피고 성취에 대한 균형 잡힌 시각과 적절한 기대 수준을 갖춰야 한다.

성공하는 아이는 넘어지며 자란다

단단한 아이가
결국 성공한다

앞에서 부모들이 일상에서 흔히 맞닥뜨리는 육아의 함정들을 살펴봤다. 이 함정들을 알아차리는 것이 긍정적인 변화의 첫걸음이다. 이제 긍정적인 변화를 이끌어내기 위한 구체적인 전략을 실천하는 일만 남았다. 지금껏 제안한 주요 방법들을 한눈에 살펴볼 수 있도록 정리해보려 한다. 우리가 스무 해 넘도록 수백 명의 아이와 그 가족을 상담하면서 찾은 가장 효과적인 해결책이라 할 수 있다.

난관을 기회로 보기

오늘날 아이들은 대체로 편안한 생활을 누린다. 갖고 싶은 물건을 빠르게 손에 넣을 수 있고, 문제가 생기면 주위에서 도움의 손길을 내밀며, 일상 속에서 불편과 어려움을 겪는 경우가 이전 세대보다 확실히 줄었다. 이런 이야기는 얼핏 듣기에는 아주 좋은 일 같지만, 오히려 그래서 아이들이 놓치는 기회도 있다. 요즘 아이들은 문제 해결을 연습하고 자신감을 기를 기회가 부족하다. 그 결과 스스로 생각하는 법을 배우지 못하고 스스로 자립할 준비가 되지 않은 채 성인기에 들어선다.

게다가 편리한 기술 덕에 부모는 아이에게 문제가 생겼을 때 굉장히 빠르고 쉽게 문제를 해결해줄 수 있고 그 결과 아이가 좌절감을 느끼는 시간도 줄어든다. 삶은 점점 더 편리해지고, 부모 역시 이 편리한 삶을 즐긴다. 하지만 아이는 어린 시절에 어려움을 겪어봐야 어른이 되었을 때 찾아오는 난관을 이겨낼 수 있다.

따라서 아이가 겪는 시행착오를 기회로 여겨야 한다. 아이가 어려움을 겪고 있다면 그것을 삶에 꼭 필요한 기술을 익히는 연습 기회로 바라보자. 혹 아이가 실수를 저지르면 문제를 해결하는 모습을 지켜볼 소중한 기회로 여기자.

어려서부터 아이를 기다리게 하기

즉각적인 만족을 추구하는 아이들을 보고 부모들은 대체 이 아이들을 어떻게 키워야 할지 모르겠다며 분통을 터트리곤 한다. 그럴 때마다 우리는 일상 속에서 기다리는 훈련을 시켜보라고 조언한

성공하는 아이는 넘어지며 자란다

다. 현대 사회에서는 너무나 많은 것이 즉시 충족되기 때문에 부모가 나서서 아이가 기다리는 연습을 하도록 도울 필요가 있다.

기다리는 연습은 연령과 상관없이 모든 아이에게 도움이 된다. 아이는 기다리는 동안 자기 행동을 돌아보고 주위 환경을 살피며 타인을 고려할 수 있다. 기다림은 생각할 기회를 준다. 많은 아이가 그저 몇 초간의 기다림에도 초조해한다. 하지만 기다림이 일상이 되면 아이는 인내심을 기를 수 있고, 기다리는 시간을 좋은 방향으로 활용할 수 있다. 반면 인내심을 기르지 못한 아이는 성인기에 이르러 큰 어려움을 맞닥뜨릴 수 있다. 그러므로 기다리는 연습은 아이가 어려서부터 할수록 좋다.

기다리는 연습을 시키는 단순한 방법 몇 가지를 소개한다.

- 아이가 먹을 걸 달라거나 옷을 빨아달라거나 어디에 데려다달라고 부탁할 때 기다리라고 말한다. 유아도 간식을 먹고 싶거나 TV를 보고 싶을 때 30초에서 2분 정도는 기다릴 수 있다. 청소년이라면 부모가 필요한 만큼 기다리라고 해도 된다.

- 가게에서 아이의 관심을 사로잡은 물건을 사달라는 대로 다 사주지 않는다. 그러면 빠른 욕구 충족만 바라는 행동 패턴이 강하게 자리 잡는다.

- 아이가 갖고 싶은 게 있을 때는 늘 뭔가 더 노력해서 스스로 얻어내게 한다. 직접 일해서 번 돈으로 사게 하거나 아니면 바람직한 행동을 한 대가인 '칭찬 스티커'를 모아서 사게 한다.

● 뭔가를 기다려야 하는 상황일 때마다 아이를 전자 기기로 달래지 않는다. 기다리는 시간 동안 아이 스스로 시간을 보낼 방법을 찾게 한다.

아이 자신도 가족의 일원임을 깨닫게 하기

아이가 커서 한 개인, 공동체의 일원, 회사의 직원으로서 양심적이고 사려 깊은 사람이 되려면 주변 사람을 의식해야 한다. 우리가 인터뷰한 교사, 관리자, 코치는 성공적인 학생, 선수, 성인의 가장 중요한 특성 중 하나로 사회적 기술과 타인을 고려하는 능력, 전반적인 대인관계 기술을 꼽았다.

사회적 기술이 탁월한 사람은 주변 사람을 의식한다. 어떤 아이들은 이런 능력을 타고나지만 그렇지 않은 아이들은 배우고 연습해야 한다. 타인을 의식하도록 가르치는 방법 중 하나는 부모가 아이도 가족의 일원임을 깨우쳐주는 것이다. 이 말은 아이가 결정을 내릴 때 가족 구성원을 모두 고려해야 한다는 뜻이다.

"엄마, 오늘 밤에 나 친구네 집에 좀 태워다주세요"라고 말하는 아이와 "엄마, 오늘 밤에 친구네 집에 태워다주실 수 있어요?"라고 묻는 아이가 어떻게 다른지 생각해보자. 엄마가 다른 볼일이 있어서 아이를 태워다줄 수 없을 때 첫 번째 아이는 화를 내고 어쩌면 친구네 집에 가는 걸 포기할지 모른다. 반면 두 번째 아이는 이 문제를 어떻게 풀어갈지 엄마와 의논해보려 할 것이다. 두 번째 아이는 자신뿐 아니라 엄마의 상황도 고려하는데, 이것이 바로 가족의 일원이 되는 핵심이다.

결과가 아니라 과정에 집중하기

부모들은 아이가 성공할 수 있도록 뒷바라지를 잘해야 한다는 압박감을 상당히 많이 받는다. 가족이나 친구, 다른 아이들과의 비교도 자주 이뤄진다. 그러다 보니 아이가 쏟은 노력보다 객관적인 성적, 트로피, 상 같은 결과물을 강조한다.

객관적인 결과는 구체적이고 측정 가능하며 얘기하기도 쉽다 보니 부모들은 객관적인 결과에 초점을 맞추는 쪽으로 기우는 경향이 있다. 하지만 목표 달성을 위해 계획하고 실천하고 노력하는 과정에서 아이들은 우리가 지금껏 그토록 강조해온 삶의 기술을 연습하며 키워간다. 사실 목표를 쉽게 달성한 아이보다 목표 달성 과정에서 난관을 만나 고군분투하며 어려움을 극복한 아이가 삶의 기술과 회복탄력성을 더 단단하게 발달시킨다. 따라서 결과보다 과정에서 쏟은 노력을 더 칭찬해야 한다.

갖고 싶은 물건은 노력해서 얻게 하기

아이들이 너무 많은 물건을 손쉽게 얻다 보니 별다른 노력 없이 갖고 싶은 물건을 손에 넣는 상황에 익숙해지기 쉽다. 그러다 보면 바라는 걸 얻지 못하는 상황을 견디지 못하고 좌절하기 쉽다.

아무 대가 없이 원하는 걸 그냥 받는 것보다 원하는 걸 노력해서 얻는 게 아이들에게는 훨씬 더 유익하다. 아직 어린 아이도 바라는 걸 얻기 위해서 집안일을 돕는 법을 배울 수 있다. 이때 아이가 바라는 것(장난감, 게임, 옷, 스마트폰)이 목표라고 생각하면 이해하기 쉽다. 아이의 연령에 맞게 목표를 달성할 방법을 찾도록 부모가 돕거나 아니면 아이 스스로 계획을 세우도록 독려한다. 아이가 집안일을 돕거나 용돈을 모으거나 평소보다 집안일을 더 많이 하거나 성적을 높이거나 삶의 여러 가지 영역에서 더 나아지려고 애쓰는 모습을 보여주면 용돈이나 칭찬 스티커를 준다.

대개 특별한 이유 없이 그냥 받은 물건보다 노력해서 얻은 물건이 더욱 값진 법이다. 생일, 어린이날, 크리스마스처럼 아이가 노력하지 않아도 좋은 선물을 받을 기회는 많다. 하지만 꼭 갖고 싶은 특별한 물건이 있을 때는 아이 스스로 계획을 세워서 손수 얻을 수 있다는 사실을 가르쳐주자.

우리는 성장기 아이가 겪는 다양한 문제에 적용 가능한 방법들을 소개했다. 각자 자신의 가정에 맞는 해결책을 찾기를 기대한다. 여기에 소개한 지침이 부모들에게 도움이 되기를, 그래서 아이들이 목표를 달성하고 성공적인 어른으로 살아가기를 바란다.

성공하는 아이는 넘어지며 자란다

들어가며

1 Joel Stein, "Millennials: The Me Me Me Generation," *Time*, May 20, 2013, http://
time.com/247/millennials-the-me-me-me-generation; Mickey Goodman, "Are We
Raising a Generation of Helpless Kids?" Huffington Post, www.huffingtonpost.
com/Mickey-goodman/are-we-raising-a-generati_b_1249706.html.

2 Yolanda Williams, "The Silent Generation: Definition, Characteristics & Facts,"
Education-portal.com, http://education-portal.com/academy/lesson/the-silent-
generation-definition-characteristics-facts.html#lesson.

3 Gary Gilles, "What Are Baby Boomers?—Definition, Age & Characteristics,"
Education-portal.com, http://education-portal.com/academy/lesson/what-are-
baby-boomers-definition-age-characteristics.html#lesson.

4 Andrea McKay, "Generation X: Definition, Characteristics & Quiz," Education-
portal.com, www.education-portal.com/academy/lesson/generation-x-definition-
characteristics-quiz.html#lesson.

5 Chevette Alston, "Generation Y: Definition, Characteristics & Personality Traits,"
Education-portal.com, www.education-portal.com/academy/lesson/generation-y-
definition-characteristics-personality-traits.html#lesson.

6 Candace Sweat, "Expert Says New Generation Wants Instant Gratification. Are
Parents to Blame?" Alabama's ABC 33/40, www.abc3340.com/story/17115375/
expert-says-new-generation-wants-instant-gratification-are-parents-to-blame.

1장

1 Kendra Cherry, "The 4 Stages of Cognitive Development in Young Children,"
About.com Psychology, http://psychology.about.com/od/piagetstheory/a/
keyconcepts.htm.

2 Walter Mischel and Ebbe B. Ebbesen, "Attention in Delay of Gratification," *Journal of Personality and Social Psychology* 16, no. 2 (1970): 329-37.

3 Yuichi Shoda, Walter Mischel, and Philip K. Peake, "Predicting Adolescent Cognitive and Self-Regulatory Competencies from Preschool Delay of Gratification: Identifying Diagnostic Conditions," *Developmental Psychology* 26, no. 6 (1990): 978-86.

4 Walter Mischel, Yuichi Shoda, and Monica L. Rodriguez, "Delay of Gratification in Children," *Science*, New Series 244, no. 4907 (1989): 933-38.

5 Kevin G. Hall, "Teen Employment Hits Record Lows, Suggesting Lost Generation," McClatchy DC, Washington Bureau, www.mcclatchydc.com/2013/08/29/200769/teen-employment-hits-record-lows.html.

2장

1 Kate Bayless, "What Is Helicopter Parenting?" *Parents Magazine*, www.parents.com/parenting/better-parenting/what-is-helicopter-parenting.

2 GypsyNesters, "Are You a Snow Plow Parent? 7 Modern Parenting Terms," Huffington Post, www.huffingtonpost.com/the-gypsynesters/parenting_b_1894237.html.

3 National Center for Safe Routes to School, "How Children Get to School: School Travel Patterns from 1969 to 2009," www.saferoutesinfo.org/sites/default/files/resources/NHTS_school_travel_report_2011_0.pdf.

3장

1 Erik H. Erikson, *Childhood and Society* (New York: Norton, 1950).

2 Erik H. Erikson, *Identity and the Life Cycle* (New York: Norton, 1980).

3 Jean Piaget, *Biology and Knowledge: An Essay on the Relations between Organic Regulations and Cognitive Processes* (Chicago: University of Chicago Press, 1971).

4 Kendra Cherry, "All about Kohlberg's Theory of Moral Development," About.

com Psychology, http://psychology.about.com/od/developmentalpsychology/a/kohlberg.htm.

5 Lawrence Kohlberg, "The Development of Children's Orientations toward a Moral Order: I. Sequence in the Development of Moral Thought," *Human Development* 6, no. 1-2 (1963): 11-33.

4장

1 Erik H. Erikson, *Childhood and Society* (New York: Norton, 1950); Jean Piaget, *Biology and Knowledge: An Essay on the Relations between Organic Regulations and Cognitive Processes* (Chicago: University of Chicago Press, 1971).

2 "Critical Period (Psychology)," Reference.MD.com, www.reference.md/files/D003/mD003423.html.

3 Jacqueline S. Johnson and Elissa L. Newport, "Critical Period Effects in Second Language Learning: The Influence of Maturational State on the Acquisition of English as a Second Language," *Cognitive Psychology* 21, no. 1 (1989): 60-99.

4 David Birdsong, ed., *Second Language Acquisition and the Critical Period Hypothesis* (Mahwah, NJ: Erlbaum, 1999).

5 Sarah-Jayne Blakemore and Suparna Choudhury, "Development of the Adolescent Brain: Implications for Executive Function and Social Cognition," *Journal of Child Psychology and Psychiatry* 47, no. 3-4 (2006): 296-312.

6 Rachel Keen, "The Development of Problem Solving in Young Children: A Critical Cognitive Skill," *Annual Review of Psychology* 62, no. 1 (2011): 1-21.

5장

1 Mark Schneider, "Finishing the First Lap: The Cost of First-Year Student Attrition in America's Four-Year Colleges and Universities," American Institutes for Research, www.air.org/resource/finishing-first-lap-cost-first-year-student-attrition-america%E2%80%99s-four-year-colleges-and.

2 Karen Arenson, "Applications to Colleges Are Breaking Records," *New York Times*, www.nytimes.com/2008/01/17/education/17admissions.html?_r=0.

3 Angela L. Duckworth and Martin E. P. Seligman, "Self-Discipline Outdoes IQ in Predicting Academic Performance of Adolescents," *Psychological Science* 16, no. 12 (2005): 939-44.

4 Charles Spearman, "'General Intelligence,' Objectively Determined and Measured," *American Journal of Psychology* 15, no. 2 (1904): 201-91; John B. Carroll, *Human Cognitive Abilities: A Survey of Factor-Analytic Studies* (Cambridge: Cambridge University Press, 1993); Howard E. Gardner, *Intelligence Reframed Multiple Intelligences for the Twenty-First Century* (New York: Basic Books, 2000); Daniel Goleman, *Emotional Intelligence* (New York: Bantam Books, 1995).

5 Robert McCrae and Paul Costa, "Validation of the Five-factor Model of Personality Across Instruments and Observers," *Journal of Personality and Social Psychology* 15 (1987): 81-90; Erik E. Noftle and Richard Robins, "Personality Predictors of Academic Outcomes: Big Five Correlates of GPA and SAT Scores," *Journal of Personality and Social Psychology* 93, no. 1 (2007): 116-30.

6 "Smart," Dictionary.com, www.dictionary.reference.com.

6장

1 Courtnie Packer, "Are Teenagers Becoming Too Attached to Their Cell Phones?" Top Ten Reviews, http://cell-phone-parental-control-software-review. toptenreviews.com/are-teenagers-becoming-too-attached-to-their-cell-phones. html.

2 Dara Kerr, "One-Fifth of Third-Graders Own Cell Phones," CNET, April 9, 2012, www.cnet.com/news/one-fifth-of-third-graders-own-cell-phones/; Mary Madden, Amanda Lenhart, Maeve Duggan, Sandra Cortesi, and Urs Gasser, "Teens and Technology 2013," Pew Research Internet Project, March 13, 2013, www. pewinternet.org/Reports/2013/Teens-and-Tech.aspx.

3 Carolyn Gregoire, "How Technology Is Warping Your Memory," Huffington Post,

December 11, 2013, www.huffingtonpost.com/2013/12/11/technology-changes-memory_n_4414778.html.

4 Packer, "Are Teenagers Becoming Too Attached to Their Cell Phones?"

7장

1 Mary Madden, Amanda Lenhart, Maeve Duggan, Sandra Cortesi, and Urs Gasser, "Teens and Technology 2013," Pew Research Internet Project, March 13, 2013, www.pewinternet.org/Reports/2013/Teens-and-Tech.aspx.

2 Hilary Buff Greenwood, *The Relationship between the Qualities of Adolescents' Online Friendship and Experience of Loneliness* (San Diego, CA: Alliant International University, 2008).

3 Dara Kerr, "One-Fifth of Third-Graders Own Cell Phones," CNET, April 9, 2012, http://news.cnet.com/8301-1023_3-57411576-93/one-fifth-of-third-graders-own-cell-phones.

4 Oliver Smith, "Facebook Terms and Conditions: Why You Don't Own Your Online Life," *Telegraph* (London), January 4, 2013, www.telegraph.co.uk/technology/social-media/9780565/Facebook-terms-and-conditions-why-you-dont-own-your-online-life.html.

5 Packer, "Are Teenagers Becoming Too Attached to Their Cell Phones?"

6 "Back to School: Choosing a Cell Phone for Your Child," ABC News, August 30, 2010, www.abcnews.go.com/GMA/Parenting/choosing-cell-phone-child/story?id=11510255; Suzanne Kantra, "Android vs iPhone for Kids: How to Choose," *USA Today*, September 16, 2013, www.usatoday.com/story/tech/personal/2013/09/16/how-to-choose-android-vs-iphone-for-kids/2820029/; Miles Brignall, "Mobile Phones for Children: A Buyer's Guide," *Guardian* (London), June 6, 2013, www.theguardian.com/money/2013/jun/06/mobile-phones-children-buyers-guide.

8장

1 "Youth Sports Statistics," Statistic Brain RSS, www.statisticbrain.com/youth-sports-statistics.

9장

1 Elizabeth Lander, "Teen Brain More Prone to Drug, Alcohol Damage," Chart RSS (blog), November 15, 2010, http://thechart.blogs.cnn.com/2010/11/15/teen-brain-more-prone-to-drug-alcohol-damage.

2 위의 글.

3 Mark Gregston, "Drug Abuse Starting Earlier than Ever," OnePlace.com, www.oneplace.com/ministries/parenting-todays-teens-weekend/read/articles/drug-abuse-startinge-arlier-than-ever-11971.html.

4 Centers for Disease Control and Prevention, "Injury Prevention and Control," www.cdc.gov/Motorvehiclesafety/costs/policy.html.

5 위의 글.

6 Teen Drug Addiction, "Welcome to Teen Drug Addiction," www.teendrugaddiction.com.

7 Lander, "Teen Brain More Prone to Drug, Alcohol Damage."

8 "Drug Guide for Parents: Learn Facts to Keep Your Teens Safe" (2010), www.drugfree.org/wp-content/uploads/2010/10/drug_chart_10.25.10_opt.pdf.

※ 온라인 출처는 2014년 7월 기준으로 작성했다.

성공하는 아이는
넘어지며 자란다

1판 1쇄 인쇄 2024년 6월 10일
1판 1쇄 발행 2024년 6월 20일

—

지은이 달린 스윗랜드, 론 스톨버그
옮긴이 김진주

—

펴낸이 김봉기
출판총괄 임형준
편집 안진숙, 김민정
외부편집 김민정
디자인 유어텍스트
마케팅 선민영, 조혜연, 임정재

—

펴낸곳 FIKA[피카]
주소 서울시 서초구 서초대로 77길 55, 9층
전화 02-3476-6656
팩스 02-6203-0551
홈페이지 https://fikabook.io
이메일 book@fikabook.io
등록 2018년 7월 6일(제2018-000216호)

—

ISBN 979-11-93866-06-1 13590

피카 출판사는 독자 여러분의 아이디어와 원고 투고를 기다리고 있습니다.
책으로 펴내고 싶은 아이디어나 원고가 있으신 분은 이메일 book@fikabook.io로 보내주세요